"十三五"职业教育国家规划教材

微课版

After Effects
影视特效设计教程

（第三版）

新世纪高职高专教材编审委员会 组编

主　编　高文铭　祝海英

副主编　王丽颖

主　审　朴仁淑

● 互联网+：
高清视频讲解，让学习更高效
● 超值资源包：
微课视频+教案+教学课件+素材+源文件
● 主流版本+大量实例：
主流CC版软件，配备大量实例，积累实战经验

大连理工大学出版社

图书在版编目（CIP）数据

　　After Effects影视特效设计教程／高文铭，祝海英
主编. — 3版. — 大连：大连理工大学出版社，2018.9
（2022.1重印）
　　新世纪高职高专动漫专业系列规划教材
　　ISBN 978-7-5685-1741-6

　　Ⅰ．①A… Ⅱ．①高… ②祝… Ⅲ．①图象处理软件—
高等职业教育—教材 Ⅳ．①TP391.413

　　中国版本图书馆 CIP 数据核字(2018)第 209114 号

大连理工大学出版社出版
地址：大连市软件园路 80 号　邮政编码：116023
发行：0411-84708842　邮购：0411-84708943　传真：0411-84701466
E-mail：dutp@dutp.cn　　URL：http://dutp.dlut.edu.cn
大连永盛印业有限公司印刷　　大连理工大学出版社发行

幅面尺寸：185mm×260mm　印张：20.25　　字数：468 千字
2011 年 1 月第 1 版　　　　　　　　2018 年 9 月第 3 版
2022 年 1 月第 7 次印刷

责任编辑：马　双　　　　　　　　　责任校对：李　红
封面设计：张　莹

ISBN 978-7-5685-1741-6　　　　　　定　价：49.80 元

本书如有印装质量问题，请与我社发行部联系更换。

前　言

　　《After Effects 影视特效设计教程》(第三版)是"十三五"职业教育国家规划教材、"十二五"职业教育国家规划教材,也是新世纪高职高专教材编审委员会组编的动漫专业系列规划教材之一。

　　After Effects CC 是 Adobe 公司推出的影视编辑软件,其特效功能非常强大,已广泛应用于影视后期处理、电视节目包装、网络动画等诸多领域。

　　After Effects CC 软件还保留有 Adobe 软件优秀的兼容性,在 After Effects 中可以非常方便地调入 Photoshop 和 Illustrator 的层文件,也可以近乎完美地再现 Premiere 的项目文件,甚至还可以调入 Primiere 的 EDL 文件。

本教材内容

　　本教材通过对 After Effects CC 重要功能的全面讲解,以精彩的案例展现了完美的创作手法和技巧。本教材编者从多年的影视后期合成与特效制作教学和实践出发,按初学者接受知识的难易程度,从理论到实例进行了详尽的叙述,内容由浅入深,全面覆盖了 After Effects CC 的基础知识及相关领域的应用技术。

　　全书分为两篇,共 11 章。其中,第一篇影视合成典型技法,共 8 章,主要讲解 After Effects CC 软件基础知识,包括 After Effects CC 入门、二维合成、蒙版合成、文字动画、校色应用、抠像应用、三维合成、特效应用等相关知识,为后面的项目实践篇打下坚实的基础。第二篇项目实践,共 3 章,以综合实例的方式分别详细介绍了电视栏目片头创作、影视广告片创作、影视宣传片片头创作的具体制作过程,极具参考价值,值得读者深入学习。在每章的开头都总结出本章需要掌握的重点、难点内容,在每章的结尾都进行了知识盘点,有利于提高学习效果。

本教材特色

1. 本教材始终坚持理论与实践相结合,既有基础知识介绍又有操作步骤详解,并能以具体的实例训练为中心介绍相关知识点和技能点,步骤详细、完整。

2. 综合实例章节,综合运用了多种特效及与其他软件的协同操作,起到了实战演练的作用。

适用对象

本教材可以作为中、高职院校相关专业教材,也适合广大影视特效制作爱好者作为自学用书,也可供专业设计人员参考学习。

本书由长春职业技术学院高文铭、祝海英任主编,长春飞鱼文化传媒有限公司王丽颖任副主编。其中第 1、2、4、5、9 章由高文铭编写,第 3、6、7、8 章由祝海英编写,第 10、11 章由王丽颖编写。长春职业技术学院信息技术分院教学院长朴仁淑审阅了全书,并提出了许多宝贵意见和建议。

本教材是新形态教材,充分利用现代化的教学手段和教学资源辅助教学,图文声像等多媒体并用。本书重点开发了微课资源,以短小精悍的微视频透析教材中的重难点知识点,使学生充分利用现代二维码技术,随时、主动、反复学习相关内容。除了微课外,还配有传统配套资源,供学生使用,此类资源可登录教材服务网站进行下载。

在编写本教材的过程中,编者参考、引用和改编了国内外出版物中的相关资料以及网络资源,在此表示深深的谢意。相关著作权人看到本教材后,请与出版社联系,出版社将按照相关法律的规定支付稿酬。

由于作者水平有限,本教材难免有疏漏之处,敬请广大读者批评指正,并提出宝贵意见和建议。

编 者

2018 年 9 月

所有意见和建议请发往:dutpgz@163.com

欢迎访问职教数字化服务平台:http://sve.dutpbook.com

联系电话:0411-84707492 84706104

目　　录

第一篇　影视合成典型技法

第二篇 项目实践

本书数字资源列表

第一篇　影视合成典型技法

　　After Effects CC是一款应用非常广泛的后期编辑与特效制作软件，适用于从事设计与特技制作的机构，包括电视台、动画制作公司、个人后期制作工作室，以及多媒体工作室。

　　本篇主要讲解 After Effects CC软件基础知识，包括后期合成基础知识、图层及图层的基本动画、关键帧及关键帧动画、蒙版与蒙版合成、文字及文字动画、颜色校正及美化处理、抠像技术、三维合成及视频特效等相关知识，为后面的综合实例设计与制作打下坚实的基础。

第1章　After Effects CC入门

● **本章教学目标**

1. 了解帧、帧率、场和电视制式的概念；（重点）

2. 掌握视频编辑的镜头表现手法；（难点）

3. 掌握非线性编辑操作流程；

4. 熟悉 After Effects CC 软件的操作界面，掌握自定义界面的方法及常用面板、窗口及工具栏的使用；（重点）

5. 学习渲染模板和输出模块的模板创建，掌握常见动画及图像格式的输出。

1.1　后期合成基础知识

1. 帧的概念

所谓视频，即由一系列单独的静止图像组成，如图 1-1 所示。每秒钟连续播放静止图像，利用人眼的视觉残留现象，在观众眼中就产生了平滑而连续活动的现象。

图 1-1　单帧静止画面效果

一帧是扫描获得的一幅完整图像的模拟信号，是视频图像的最小单位。在日常看到的电视或电影中，视频画面其实就是由一系列的单帧图片构成，将这些一系列单帧图片以合适的速度连续播放，就产生了动态画面效果，而这些连续播放的图片中的每一幅图片，就可以称之为一帧，如一个影片的播放速度为 25 帧/秒，就表示该影片每秒钟播放 25 个单帧静态画面。

2. 帧率和帧长度比

帧率有时也叫帧速或帧速率，表示在影片播放中，每秒钟所扫描的帧数，如对 PAL 制式电视系统，帧率为 25 帧/秒；而 NTSC 制式电视系统，帧率为 30 帧/秒。

帧长度比是指图像的长度和宽度的比例，平时我们常说的 4：3 和 16：9，其实就是指图像的帧长度比例。4：3 画面显示效果如图 1-2 所示；16：9 画面显示效果如图 1-3 所示。

图 1-2　4∶3 画面显示效果　　　　　　图 1-3　16∶9 画面显示效果

3. 像素长宽比

像素长宽比就是组成图像的一个像素在水平与垂直方向的比例。使用计算机图像软件制作生成的图像大多使用方形像素,即图像的像素比为 1∶1,而电视设备所产生的视频图像,就不一定是 1∶1。

PAL 制式规定的画面宽高比为 4∶3,分辨率为 720 像素×576 像素。如果在像素比为 1∶1 的情况下,可根据宽高比的定义来推算,PAL 制图像分辨率应为 768 像素×576 像素。而实际 PAL 制的分辨率为 720 像素×576 像素,因此,实际 PAL 制图像的像素比是 768∶720＝16∶15＝1.07。即通过将正方形像素"拉长"的方法,保证了画面 4∶3 的宽高比例。

在 After Effects CC 中,可以在新建合成的面板中设置画面的像素比。或者在"项目"面板中,选择相应的素材,然后按"Ctrl＋Alt＋G"组合键,打开素材属性设置面板,对素材的像素比进行设置。

4. 场的概念

场是视频的一个扫描过程。有逐行扫描和隔行扫描,对于逐行扫描,一帧即一个垂直扫描场;对于隔行扫描,一帧由两场构成:奇数场和偶数场,是用两个隔行扫描场表示一帧。

电视机由于受到信号带宽的限制,采用的就是隔行扫描,隔行扫描是目前很多电视系统的电子束采用的一种技术,它将一幅完整的图像在水平方向分成很多细小的行,用两次扫描来交错显示,即先扫描视频图像的偶数行,再扫描奇数行而完成一帧的扫描,每扫描一次,就叫作一场。对于摄像机和显示器屏幕,获得或显示一幅图像都要扫描两遍才行,隔行扫描对分辨率要求不高的系统比较适合。但是,由于 25 Hz 的帧频率能以最少的信号容量有效地利用人眼的视觉残留特性,所以看到的图像是完整图像,如图 1-4 所示,闪烁的现象还是可以感觉出来的。我国电视画面传输率是 25 帧/秒、50 场/秒。

在电视播放中,由于扫描场的作用,其实我们所看到的电视屏幕出现的画面不是完整的画面,而是一个"半帧"画面,如图 1-5 所示。但 50 Hz 的帧频率隔行扫描,把一帧分为奇、偶两场,奇、偶场的交错扫描相当于遮挡板的作用。

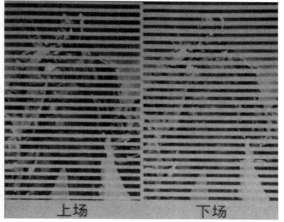

图 1-4　完整图像　　　　　　　图 1-5　"半帧"画面

5. 电视制式

电视的制式就是电视信号的标准。它的区分主要在帧频、分辨率、信号带宽以及载频、色彩空间的转换关系上。不同制式的电视机只能接收和处理相应制式的电视信号。但现在也出现了多制式或全制式的电视机,为处理不同制式的电视信号提供了极大的方便。全制式电视机可以在各个国家的不同地区使用。各个国家的电视制式并不统一,全世界目前有三种彩色制式。

(1)PAL 制式

PAL 是英文 Phase Alteration Line 的缩写,其含义为逐行倒相,PAL 制式即逐行倒相正交平衡调幅制;它是在 1962 年制定的彩色电视广播标准,克服了 NTSC 制式相对相位失真敏感而引起色彩失真的缺点;中国、新加坡、澳大利亚、新西兰、英国等国家使用 PAL 制式。根据不同的参数细节,它又可分为 G、I、D 等制式,其中 PAL-D 是我国大陆地区采用的制式。PAL 制式电视的帧频为 25 帧/秒,场频为 50 场/秒。

(2)NTSC 制式

NTSC 是英文 National Television System Committee 的缩写,NTSC 制式是由美国国家电视标准委员会于 1952 年制定的彩色广播标准,它采用正交平衡调幅技术;NTSC 制式有色彩失真的缺陷。NTSC 制式电视的帧频为 29.97 帧/秒,场频为 60 场/秒。美国、加拿大等大多西半球国家以及日本、韩国等采用这种制式。

(3)SECAM 制式

SECAM 是法文 SEquential Couleur Avec Memoire 的缩写,含义为"顺序传送彩色信号与存储恢复彩色信号制",是法国在 1956 年提出、1966 年制定的一种新的彩色电视制式。它也克服了 NTSC 制式相位失真的缺点,采用时间分隔法逐行依次传送两个色差信号,不怕干扰,色彩保真度高,但是兼容性较差。目前法国、东欧国家及中东部分国家使用 SECAM 制式。

6. 视频时间码

一段视频的持续时间及它的开始帧和结束帧通常用时间单位和地址来计算,这些时间和地址被称为时间码(简称时码)。时码用来识别和记录视频数据流中的每一帧,从一段视频的起始帧到终止帧,每一帧都有一个唯一的时间地址。这样,在编辑的时候利用它可以准确地在素材上定位出某一帧的位置,方便安排编辑和实现视频及音频的同步,这种同步方式叫作帧同步。"动画和电视工程师协会"采用的时码标准为 SMPTE,其格式为:小时:分钟:秒:帧,比如一个 PAL 制式的素材片段表示为:00:01:30:13,其意思是它持续1 分钟 30 秒零 13 帧,换算成帧单位就是 2263 帧。如果播放的帧速率为 25 帧/秒,那么这段素材可以播放约 1 分钟 30.5 秒。

7. 影视镜头常用表现手法

镜头是影视创作的基本单位,一个完整的影视作品,是由一个一个的镜头来完成的,离开独立的镜头,也就没有了影视作品。通过多个镜头的组合与设计的表现,完成整个影视作品镜头的制作,所以说,镜头的应用技巧也直接影响影视作品的最终效果。那么在影视拍摄中,常用镜头是如何表现的呢,下面来详细讲解常用镜头的使用技巧。

(1)推镜头

推镜头是比较常用的一种拍摄手法,它主要利用摄像机前移或变焦来完成,逐渐靠近要表现的主体对象,使人感觉一步步走近要观察的事物。近距离观看某个事物,它可以表现同一个对象从远到近的变化,也可以表现一个对象到另一个对象的变化,这种镜头的运用,主要突出要拍摄的对象或是对象的某个部分,从而更清楚地看到细节的变化。例如,观察一个古董,从整体通过变焦看到细部特征,也是应用推镜头。如图 1-6 所示为推镜头的应用效果。

图 1-6　推镜头的应用效果

(2)拉镜头

拉镜头和推镜头正好相反,它主要是利用摄像机后移或变焦来完成,逐渐远离要表现的主体对象,使人感觉正一步步远离要观察的事物。远距离观看某个事物的整体效果,它可以表现同一个对象从近到远的变化,也可以表现一个对象到另一个对象的变化,这种镜头的应用,主要突出要拍摄对象与整体的效果,把握全局。如常见影视中的内部峡谷拍摄到整个外部拍摄,应用的就是拉镜头。如图 1-7 所示为拉镜头的应用效果。

图 1-7　拉镜头的应用效果

(3)移镜头

移镜头也叫移动拍摄,它是将摄像机固定在移动的物体上做各个方向的移动来拍摄不动的物体,使不动的物体产生运动效果,摄像时将拍摄画面逐步呈现,形成巡视或展示的视觉感受,它将一些对象连贯起来加以表现,形成动态效果而组成影视动画展现出来,可以表现出逐渐认识的效果,并能使主题逐渐明了。例如,我们坐在奔驰的车上,看窗外的景物,景物本来是不动的,但却感觉是景物在动,这是同一个道理,这种拍摄手法多用于表现静物动态的拍摄。如图 1-8 所示为移镜头的应用效果。

图 1-8　移镜头的应用效果

（4）跟镜头

跟镜头也称为跟拍,在拍摄过程中找到兴趣点,然后跟随目标进行拍摄。例如,在一个酒店,开始拍摄的只是整个酒店中的大场面,然后跟随一个服务员从一个位置跟随拍摄,在桌子间走来走去的镜头。跟镜头一般要表现的对象在画面中的位置保持不变,只是跟随它所走过的画面有所变化,就如一个人跟着另一个人穿过大街小巷一样,周围的事物在变化,而本身的跟随是没有变化的,跟镜头也是影视拍摄中比较常见的一种方法,它可以很好地突出主体,表现主体的运动速度,方向及体态等信息,给人一种身临其境的感觉。如图 1-9 所示为跟镜头的应用效果。

图 1-9　跟镜头的应用效果

（5）摇镜头

摇镜头也称为摇拍,在拍摄时相机不动,只摇动镜头做左右、上下、移动或旋转等运动,使人感觉从对象的一个部位到另一个部位逐渐观看,比如一个人站立不动转动脖子来观看事物,我们常说的环视四周,其实就是这个道理。

摇镜头也是影视拍摄中经常用到的,比如电影中出现一个洞穴,然后上下、左右或环周拍摄应用的就是摇镜头。摇镜头主要用来表现事物的逐渐呈现,一个又一个的画面从渐入镜头到渐出镜头来完成整个事物发展。如图 1-10 所示为摇镜头的应用效果。

图 1-10　摇镜头的应用效果

（6）旋转镜头

旋转镜头是指被拍摄对象呈旋转效果的画面,镜头沿镜头光轴或接近镜头光轴的角度旋转拍摄,摄像机快速做超过 360°的旋转拍摄,这种拍摄手法多表现人物的晕眩感觉,是影视拍摄中常用的一种拍摄手法。如图 1-11 所示为旋转镜头的应用效果。

图 1-11　旋转镜头的应用效果

（7）甩镜头

甩镜头是快速地将镜头摇动,极快地转移到另一个景物,从而将画面切换到另一个内容,而中间的过程则产生一片模糊的效果,这种拍摄可以表现一种内容的突然过度。如图 1-12 所示为甩镜头的应用效果。

图 1-12　甩镜头的应用效果

（8）晃镜头

晃镜头的应用相对于前面的几种方式应用要少一些,它主要应用在特定的环境中,让画面产生上下、左右或前后等的摇摆效果,主要用于表现精神恍惚,头晕目眩,乘车船等摇晃效果,比如表现一个喝醉酒的人物场景时,就要用到晃镜头,再比如坐车在不平道路上所产生的颠簸效果。如图 1-13 所示为晃镜头的应用效果。

图 1-13　晃镜头的应用效果

8.非线性编辑操作流程

非线性编辑是对数字视频文件的编辑和处理,与计算机处理其他数据文件一样,在计算机的软件编辑环境中可以随时、随地、多次反复地编辑和处理。非线性编辑系统设备小型化,功能集成度高,与其他非线性编辑系统或普通个人计算机易于联网,从而共享资源。

能够编辑数字视频数据的软件也称为非线性编辑软件。常用的专业非线性编辑软件有 After Effects、Premiere、Combustion、Flame、Vegas 等。其中 After Effects 和 Premiere 在国内使用较为普遍。一般非线性编辑的操作流程可以简单分为导入、编辑处理和输出影片三大部分。由于非线性编辑软件的不同，又可以细分为更多的操作步骤。拿 After Effects 来说，可以简单地分为五个步骤，具体如图 1-14 所示。

总体规划和准备	首先要清楚创作意图和表达的主题，应该有一个分镜头稿本，由此确定作品的风格。然后要着手准备素材，并对素材进行处理。
创建项目并导入素材	创建新项目，并根据需要设置符合影片的参数；根据需要导入不同的素材，并进行编辑。
影片特效制作	根据分镜头稿本，将素材添加到时间轴并进行剪辑编辑，添加相关的特效处理。然后添加字幕效果和音频文件，完成整个影片的制作。
保存和预演	保存影片源文件，然后对影片的效果进行预演，以此检查影片的各种实际效果是否达到设计的要求，以免在输出最终影片时出现错误。
输出影片	将影片输出，生成一个可以单独播放的最终作品。

图 1-14　After Effects 操作流程

1.2　After Effects CC 操作界面

After Effects CC 的操作界面越来越人性化，近几个版本将界面中的各个窗口和面板合并在一起，不再是单独的浮动状态，这样在操作时免去了拖来拖去的麻烦。

1. Adobe After Effects 系统要求

本处仅考虑 Windows 操作系统的系统要求：

(1)具有支持 64 位的多核 Intel 处理器。

(2)Microsoft® 7 Service Pack 1(64 位)、Windows 8(64 位)、Windows 8.1(64 位)或 Windows 10(64 位)。

(3)4 GB RAM(建议 8 GB)。

(4)5 GB 可用硬盘空间，安装过程中需要额外可用空间(无法安装在可移动闪存设备上)。

(5)用于磁盘缓存的额外磁盘空间(建议 10 GB)。

(6)1280×1080 像素显示器。

(7)可选：Adobe 认证的 GPU 显卡，用于 GPU 加速的光线追踪 3D 渲染器。

2. 操作界面简介

执行"开始"→"所有程序"→"After Effects CC"命令，便可启动 After Effects CC 软件，After Effects CC 软件操作界面如图 1-15 所示。

(1)"项目"面板

"项目"面板位于界面的左上角，主要用来组织、管理视频节目中所使用的素材。视频

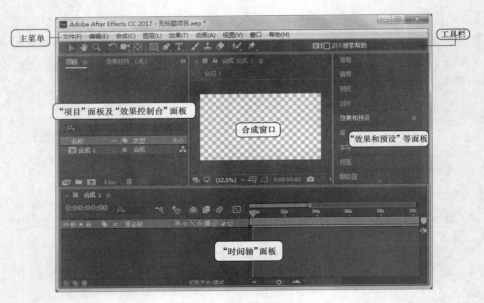

图 1-15　After Effects CC 软件操作界面

制作所使用的素材,都要首先导入"项目"面板中。可以通过文件夹的形式来管理"项目"面板,将不同的素材以不同的文件夹分类导入,以便编辑视频时操作,文件夹可以展开也可以折叠,这样更便于项目的管理,如图 1-16 所示。

技术点睛

在素材目录区的上方,标明了素材、合成或文件夹的属性,显示每个素材的不同属性。属性区域的显示可以自行设定,从"项目"菜单中的"列数"子菜单中选择打开或关闭属性信息的显示。

图 1-16　导入素材后的"项目"面板

(2)"时间轴"面板

"时间轴"面板是工作界面的核心部分,视频编辑工作的大部分操作是在"时间轴"面板中进行的。它是进行素材组织的主要操作区域。当添加不同的素材后,将产生多层效果,然后通过图层的控制来完成动画的制作,如图 1-17 所示。

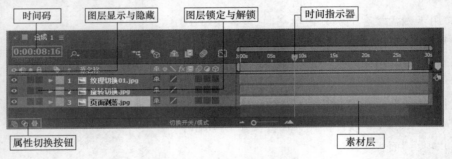

图 1-17　"时间轴"面板

（3）合成窗口

合成窗口是视频效果的预览区,在进行视频项目的安排时,它是重要的窗口,在该窗口中可以预览到编辑时每一帧的效果。如果要在合成窗口中显示画面,首先要将素材添加到 上,并将时间滑块移到当前素材的有效帧内,才可以显示,如图 1-18 所示。

（4）"效果控制台"面板

"效果控制台"面板主要用于对各种特效进行参数设置,当一种效果添加到素材上面时,该面板将显示该效果的相关参数设置,可以通过参数的设置对效果进行修改,以便达到所需要的最佳效果,如图 1-19 所示。

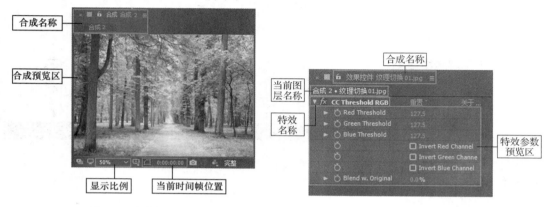

图 1-18　合成窗口　　　　　　　　　　图 1-19　"效果控制台"面板

（5）"效果和预设"面板

"效果和预设"面板中包含了动画预设、音频、模糊和锐化、通道、颜色校正等多种效果,是进行视频编辑的重要部分,主要针对时间轴上的素材进行效果处理,如图 1-20 所示。

（6）"图层"窗口

在"图层"窗口中,默认情况下是不显示图像的,如果要在"图层"窗口中显示画面,直接在"时间轴"面板中双击该素材层,即可打开该素材的"图层"窗口,如图 1-21 所示。

图 1-20　"效果和预设"面板　　　　　　图 1-21　"图层"窗口

（7）"预览"面板

执行"窗口"→"预览"菜单命令或按"Ctrl＋3"组合键，打开或关闭"预览"面板。"预览"面板主要用来控制素材的播放与停止，进行合成内容的预览操作，还可以进行预览的相关设置，如图 1-22 所示。

（8）工具栏

执行"窗口"→"工具"菜单命令，或按"Ctrl＋1"组合键，打开或关闭工具栏，工具栏中包含了常用的工具，使用这些工具可以在合成窗口中对素材进行编辑操作，如移动、缩放、旋转、创建文字、绘制图形等，工具栏及说明如图 1-23 所示。

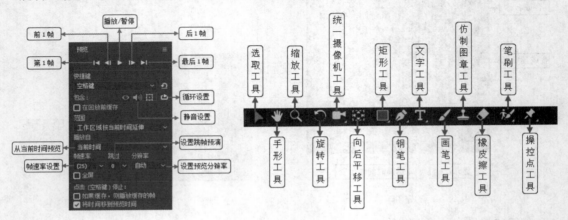

图 1-22　"预览"面板　　　　　　　　　　　图 1-23　工具栏及说明

在工具栏中，有些工具按钮的右下角有一个黑色的三角形箭头，表示该工具还包含其他工具，在该工具上按住鼠标不放，即可显示出其他工具，如图 1-24 所示。

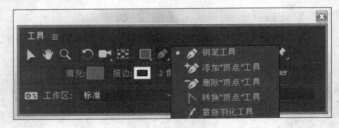

图 1-24　显示其他工具

3. 预置工作界面介绍

After Effects CC 软件在界面上更加合理地分配了各个窗口的位置，根据制作内容的不同，After Effects CC 为用户提供几种预置的工作界面，通过这些预置的工作界面，可以将界面设置成不同的模式，如动画、绘画、效果等。执行"窗口"→"工作区"菜单命令，可以看到其子菜单中包含多种工作模式选项，如图 1-25 所示。

图 1-25　多种工作模式选项

1.3　After Effects CC 项目操作

启动 After Effects CC 软件后,如果要进行影视后期编辑操作,首先需要创建一个新的项目文件或打开已有的项目文件。这是 After Effects 进行工作的基础,没有项目是无法进行编辑工作的。

1. 新建项目

每次启动 After Effects CC 软件后,系统都会新建一个项目文件,用户也可以自己重新创建一个新的项目文件。

执行"文件"→"新建"→"新建项目"菜单命令,或按"Ctrl＋Alt＋N"组合键,即可新建一个项目文件。新建项目文件的各个窗口及面板都是空白的,且创建项目文件后还不能进行视频编辑操作,还要创建一个合成文件,这是 After Effects CC 软件与一般软件不同的地方。

2. 打开已有项目

执行"文件"→"打开项目"菜单命令,或按"Ctrl＋O"组合键,将打开已有项目。当打开一个项目文件时,如果该项目所使用的素材路径发生了变化,需要为其指定新的路径。丢失的文件会用彩色条纹来代替。为素材重新指定路径的操作方法如下:

(1)执行"文件"→"打开项目"菜单命令,或按"Ctrl＋O"组合键,选择一个改变素材路径的项目文件,将其打开。

(2)在该项目文件打开的同时会打开如图 1-26 所示的文件丢失警告对话框,提示最后保存的项目中缺少文件。

(3)打开项目文件后,可以看到丢失的文件显示为彩色条纹,如图 1-27 所示。

图 1-26　文件丢失警告对话框

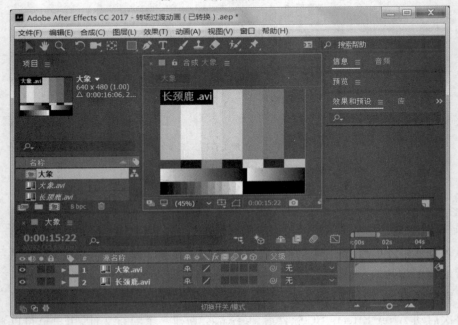

图 1-27　丢失文件的效果

　　（4）在"项目"面板中双击要重新指定路径的素材文件，打开"替换素材文件"对话框，在其中选择替换的素材，单击"导入"按钮即可，如图 1-28 所示。

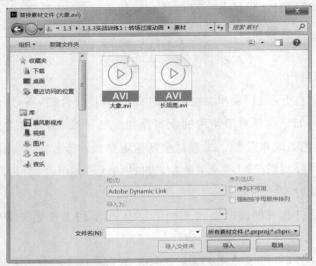

图 1-28　"替换素材文件"对话框

1.4　After Effects CC 合成操作

合成是在一个项目中建立的,是项目文件中重要的部分。After Effects CC 的编辑工作都是在合成窗口中进行的,当新建一个合成后,会激活该合成的"时间轴"面板,然后在其中进行编辑工作。

1. 新建合成

执行"合成"→"新建合成"菜单命令,或按"Ctrl＋N"组合键,打开"合成设置"对话框,如图 1-29 所示。

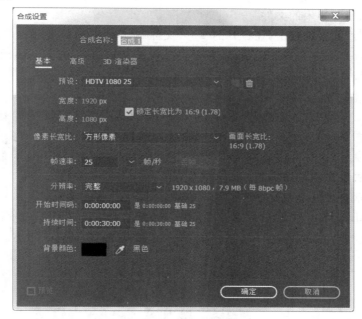

图 1-29　"合成设置"对话框

在"合成设置"对话框中输入合适的合成名称、尺寸、帧速率、持续时间等内容后,单击"确定"按钮,即可创建一个合成文件。

2. 合成的嵌套

一个合成中的素材可以分别提供给不同的合成使用,而一个项目中的合成可以分别是独立的,也可以是相互之间存在"引用"的关系,不过在合成之间的关系中并不可以相互"引用",只存在一个合成使用另一个合成,也就是一个合成嵌套另一个合成的关系,如图 1-30 所示。

图 1-30　合成的嵌套

1.5　After Effects CC 导入素材文件

在进行影片的编辑时,首先是要导入素材,然后才能进行合成操作。

1. 导入素材的方法

导入素材主要有以下几种方法:

(1)执行"文件"→"导入"→"文件"菜单命令,或按"Ctrl+I"组合键,在打开的"导入文件"对话框中选择要导入的文件。

(2)在"项目"面板的空白处右击,执行"导入"→"文件"菜单命令,在打开的"导入文件"对话框中选择要导入的文件。

(3)在"项目"面板中双击,在打开的"导入文件"对话框中选择要导入的文件。

(4)在 Windows 资源管理器中,选择需要导入的文件,直接拖到 After Effects CC 软件的"项目"面板中即可。

技术点睛

如果要同时导入多个素材,可以按住"Ctrl"键的同时逐个选择所需的素材,或按住"Shift"键的同时,选择开始的一个素材,然后再单击最后一个素材选择多个连续的文件即可。也可以执行"文件"→"导入"→"多个文件"菜单命令,多次导入需要的文件。

2. JPG 格式静态图片的导入

导入静态素材文件是素材导入最基本的操作,其操作方法如下:

(1)运行 After Effects CC 软件,执行"文件"→"导入"→"文件"菜单命令,或按"Ctrl+I"组合键,在打开的"导入文件"对话框中选择要导入的文件,如图 1-31 所示。

图 1-31　导入静态图片

（2）在打开的"导入文件"对话框中选择要导入的文件，然后单击"导入"按钮，即可将文件导入，此时在"项目"面板上可以看到导入的图片效果。

技术点睛

有些常用的动态素材和不分层静态素材的导入方法与 JPG 格式静态图片的导入方法相同，如.avi、.tif 格式的动态素材。另外，对于音频素材文件的导入方法也与不分层静态图片的导入方法相同，直接选择素材然后导入即可。

3. 序列素材的导入

在使用三维动画软件输出作品时，经常将其渲染成序列图片文件。After Effects CC 可导入序列图片，并能以视频的方式浏览，对序列图片也可以进行与视频文件相似的设置。导入序列素材的方法如下：

（1）运行 After Effects CC 软件，执行"文件"→"导入"→"文件"菜单命令，或按"Ctrl＋I"组合键，打开"导入文件"对话框。

（2）选择"飞鸟"文件夹，再选择"鸟 0001.tga"文件，然后勾选对话框中的"Targa 序列"复选框，如图 1-32 所示。

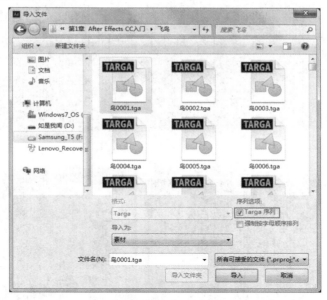

图 1-32　导入序列图片步骤及设置

（3）单击"导入"按钮，即可将图片序列形式的图片导入，一般导入后的序列图片为动态视频文件，如图 1-33 所示。

4. PSD 格式素材的导入

导入 PSD 格式素材有多种方法，产生的效果也有所不同，具体导入方法如下：

（1）运行 After Effects CC 软件，执行"文件"→"导入"→"文件"菜单命令，或按"Ctrl＋I"组合键，打开"导入文件"对话框，选择"卡通画.psd"文件。

（2）单击"导入"按钮，将打开一个以素材名命名的对话框，如图 1-34 所示，在该对话框中指定要导入的类型，可以是素材，也可以是合成。

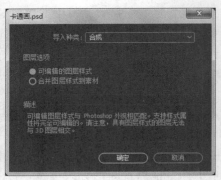

图 1-33　导入效果　　　　　　　图 1-34　"卡通画.psd"对话框

（3）在"导入种类"中选择不同的选项，会有不同的导入效果。"素材"导入和"合成"导入效果分别如图 1-35 和图 1-36 所示。

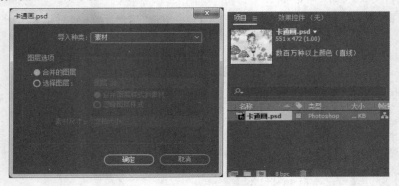

图 1-35　"素材"导入效果

图 1-36　"合成"导入效果

（4）设置完成后单击"确定"按钮，即可将设置好的素材导入"项目"面板中。

1.6　渲染输出

当一个视频或音频文件制作完成后，就要将最终的结果输出，以发布成最终作品。After Effects CC 软件提供了多种输出方式，通过不同的设置，快速输出需要的影片。

1."渲染队列"窗口

完成影片的制作后,执行"图像合成"→"添加到渲染队列"菜单命令,或按"Ctrl+M"组合键,打开"渲染队列"窗口,如图 1-37 所示。在"渲染队列"窗口中,主要设置输出影片的格式,这也决定了影片的播放模式。

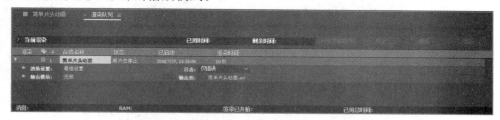

图 1-37　"渲染队列"窗口

在"渲染队列"窗口中可以设置每个项目的输出类型,每种输出类型都有独特的设置。渲染是一项重要的技术,熟悉渲染技术的操作是使用 After Effects 制作影片的关键。

(1)全部渲染

单击 渲染 按钮后,系统开始进行渲染,相关的渲染信息也将显示出来。

"消息":渲染时内存的使用状况。

"RAM":渲染时内存的使用状况。

"渲染已开始":渲染的开始时间。

"已用总时间":渲染耗费的时间。

(2)当前渲染

此部分显示渲染的进度,包括"已用时间""剩余时间"等参数项。

(3)渲染信息

显示当前渲染的数据细节。

"渲染":该区域下显示被渲染项目的名称、包含的图层及进程等。

"渲染时间":该区域下显示每帧渲染的时间细节。

(4)渲染队列

在"渲染队列"窗口的下方显示了所有等待渲染的项目。选中某个项目后按"Delete"键,可以将该项目从队列中删除。使用鼠标拖动某个项目,可以改变该项目在渲染队列中的排列顺序。要输出的项目的所有详细信息都在渲染队列中设置。

2.渲染设置

单击"渲染设置"左侧的 ▶ 按钮,展开"渲染设置"参数项,可查看详细的数据,如图 1-38 所示。

在当前渲染设置类型的名称上单击,可打开"渲染设置"对话框,如图 1-39 所示,在"渲染设置"对话框中可以设置自己需要的渲染方式。

(1)合成组名称

"品质":用于设置影片的渲染质量,有最佳、草稿和线框图三种模式。

"分辨率":用于设置影片的分辨率,有完整、1/2、1/3、1/4 和自定义五个选项,单击"自定义"选项可以自己设置分辨率。

图 1-38　"渲染设置"参数项

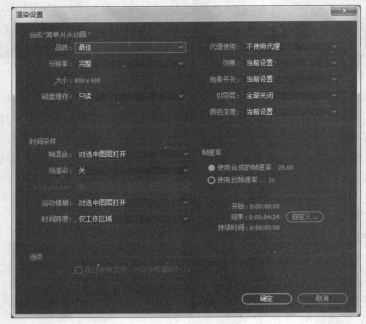

图 1-39　"渲染设置"对话框

"大小"：用于设置渲染输出的影片的大小。

"磁盘缓存"：用于设置渲染缓存。

"代理使用"：用于设置渲染时是否使用代理。

"效果"：用于设置渲染时是否渲染效果。

"独奏开关"：用于设置是否渲染 Solo（独奏）层。

"引导层"：用于设置是否渲染 Guide（引导）层。

"颜色深度"：用于设置渲染项目的 Color Bit Depth（颜色深度）。

（2）时间采样

"帧混合"：用于设置渲染项目中所有图层的帧混合。

"场渲染"：用于设置渲染时的场。如果选择"关"选项，系统将渲染不带场的影片；也可以选择渲染带场的影片，而且还要选择是上场优先还是下场优先。

"3∶2 Pulldown"：当设置场优先之后，在该下拉列表中选择场的变换方法。

"运动模糊"：用于设置渲染影片是否使用运动模糊。

"时间跨度"：用于设置渲染项目的时间范围。

"帧速率"：用于设置渲染项目的帧速率。

（3）选项

"跳过现有文件（允许多机渲染）"：用于设置渲染时是否忽略已渲染完成的文件。

3. 输出模块设置

在当前设置类型的名称上单击，可打开"输出模块设置"对话框，如图 1-40 所示。

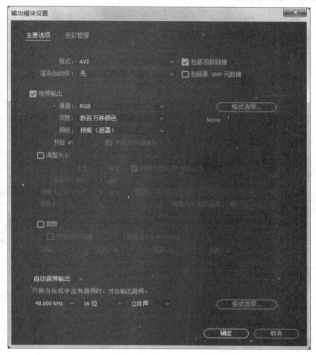

图 1-40　"输出模块设置"对话框

（1）基于无损

"格式"：选择不同的文件格式，系统将显示该文件格式的相应设置。

"渲染后动作"：用于设置渲染后要继续的操作。

"包括项目链接"：用于设置输出是否包括项目链接。

"包括源 XMP 元数据"：用于设置输出是否包括源 XMP 元数据。

（2）视频输出

"通道"：用于设置渲染影片的输出通道。依据文件格式和使用的编码器的不同，输出的通道也有所不同。

"深度"：用于设置渲染影片的颜色深度。

"颜色"：用于设置产生 Alpha 通道的类型。

（3）调整大小

可以在"调整大小"选项组中输入新的影片尺寸，也可以在"自定义"下拉列表中选择常用的影片格式。

（4）裁剪

用于设置是否在渲染影片边缘修剪像素。正值裁剪像素，负值增加像素。

（5）自动音频输出

如果影片带有音频，可以激活该选项，输出音频。单击下方的 █格式选项...█ 按钮，可以选择相应的编辑解码器。在下方的三个下拉列表中，分别设置音频素材的采样速度、量化位数以及回放格式。

1.7　初试牛刀：After Effects CC 入门动画

本例主要通过一个简单的片头来讲解 After Effects CC 的制作流程。实例中涉及的知识点有的还没有讲到，可以暂且不去深究，将在以后的学习中详细讲解。通过本例的学习，希望读者对 After Effects CC 的操作界面和面板的功能有一个清晰的认识。片头动画效果如图 1-41 所示。

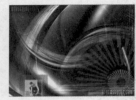

图 1-41　片头动画效果

操作步骤：

1. 导入素材。打开 After Effects CC 软件，按"Ctrl＋I"组合键，打开"导入文件"对话框，以合成的方式导入素材 ae.psd 文件，如图 1-42 所示。

2. 新建合成。执行菜单中"合成"→"新建合成"菜单命令，打开"合成设置"对话框，设置合成参数如图 1-43 所示。

AE 入门动画

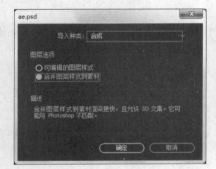

图 1-42　以合成方式导入素材

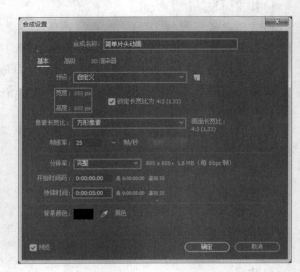

图 1-43　设置合成参数

3.添加素材到"时间轴"面板。在"项目"面板单击"ae 图层"文件夹左边的 ▶ 按钮,在列表框中按住"Ctrl"键选择将要使用的七个素材,并拖到"时间轴"面板中,如图 1-44 所示。

图 1-44　添加素材

4.调整图层。在"时间轴"面板中,选择第 1 层,将时间指示器移动到 0:00:03:00 帧的位置,在"时间轴"面板按住鼠标左键,使其起始位置位于"时间轴"面板的第 3 秒处;用同样的方法使 2~4 层的起始位置位于"时间轴"面板的第 2 秒处,如图 1-45 所示。

图 1-45　设置起始位置

5.设置锚点。选中第 6 层,按"A"键,打开锚点属性。设置该图层的锚点坐标为(388.0,300.0),并将该图层的图像移到合成窗口的左下角,效果如图 1-46 所示。

6.设置旋转动画。选中第 6 层,按"R"键,打开旋转属性。确保时间指示器处于 0:00:00:00 帧的位置,激活其属性前面的"时间变化秒表"按钮 ,此时在该图层的时间轴区域将生成一个关键帧,记录该图层的旋转角度。拖动时间指示器到 0:00:04:24 帧的位置,设置旋转角度为 1x+0.0°,如图 1-47 所示。

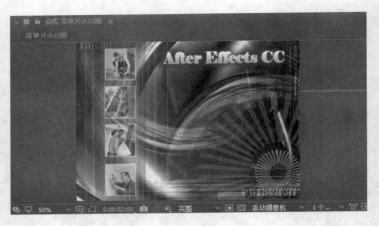

图 1-46 设置锚点后的效果

图 1-47 设置旋转角度

7. 设置位置动画。选择第 5 层，按"P"键，打开位置属性。确保时间指示器处于 0:00:00:00 帧的位置，激活其属性前面的"时间变化秒表"按钮，并设置位置坐标为 (400.0，755.0)，此时在该图层的时间轴区域将生成一个关键帧，如图 1-48 所示。

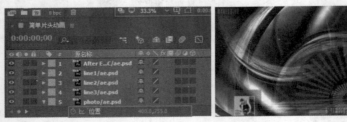

图 1-48 0:00:00:00 帧处的效果

8. 拖动时间指示器到 0：00：03：00 帧的位置，按住"Shift"键移动素材到如图 1-49 所示位置，又生成一个关键帧。

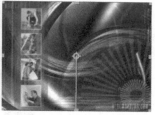

图 1-49　0：00：03：00 帧处的效果

9. 设置线条透明度动画。拖动时间指示器到 0：00：02：00 帧的位置，按住"Ctrl"键选择 line1～line3，按"T"键，打开不透明度属性，激活其属性前面的"时间变化秒表"按钮 ，设置不透明度为 0，在 line1～line3 层各生成一个关键帧，如图 1-50 所示。

图 1-50　0：00：02：00 帧处的不透明度参数

10. 拖动时间指示器到 0：00：03：00 帧的位置，设置不透明度为 100％，如图 1-51 所示。

图 1-51　0：00：03：00 帧处的不透明度参数

11. 确保 line1～line3 层处于选中状态，拖动时间指示器到 0：00：04：00 帧的位置，单击"在当前时间添加/移除关键帧"按钮 ，在 line1～line3 层各生成一个关键帧，设置不透明度为 100％，如图 1-52 所示。

图 1-52　0：00：04：00 帧处的不透明度参数

12. 确保 line1～line3 层处于选中状态，拖动时间指示器到 0:00:04:24 帧的位置，设置不透明度为 0，如图 1-53 所示。

图 1-53　0:00:04:24 帧处的不透明度参数

13. 设置线条位置动画。拖动时间指示器到 0:00:02:00 帧的位置，按住"Ctrl"键选择 line1～line3 层，按"P"键，打开位置属性，激活其属性前面的"时间变化秒表"按钮，在 line1～line3 层各生成一个关键帧，设置位置参数如图 1-54 所示。

图 1-54　0:00:02:00 帧处的位置参数

14. 拖动时间指示器到 0:00:04:24 帧的位置，设置位置参数如图 1-55 所示。

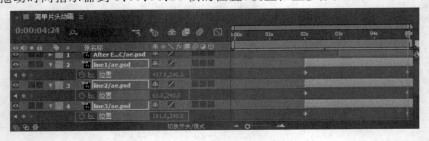

图 1-55　0:00:04:24 帧处的位置参数

15. 设置文字动画。选择第 1 层，按"T"键，打开不透明度属性。拖动时间指示器到 0:00:03:00 帧的位置，激活其属性前面的"时间变化秒表"按钮，设置不透明度为 0，在该图层的时间轴将生成一个关键帧；拖动时间指示器到 0:00:04:00 帧的位置，设置不透明度为 100%。

16. 编辑完成后，执行"文件"→"保存"菜单命令，保存文件。

17. 渲染输出。执行"图像合成"→"添加到渲染队列"菜单命令，或按"Ctrl＋M"组合键，打开"渲染队列"窗口，单击 无损 按钮，打开"输出模块设置"对话框，设置输出格式为 .avi。

18. 返回"渲染队列"窗口，单击 渲染 按钮，输出视频。

1.8　本章小结

本章详细讲解了后期合成基础知识，为初次踏入影视后期编辑制作这一领域的读者填补这方面的空白；其次，讲解了 After Effects CC 的基本操作，如，项目设置、合成设置、导入素材等；最后，通过一个简单的片头来讲解 After Effects CC 的制作流程，从而使读者对 After Effects CC 的操作界面和面板的功能有一个清晰的认识。

1.9　习　题

一、填空题

1. 创建一个新项目的快捷键是_____。

2. 创建合成的快捷键是_____。

3. _____用于描述视频文件的持续时间，并能够准确地指出视频文件中不同画面的时间位置。其表示方式为时：_____：秒：_____。

4. 电视制式分为_____制、_____制和 SECAM 制。

5. _____是构成动画的最小单位。

6. NTSC 制影片的帧速率是_____、PAL 制影片的帧速率是_____。

7. 要在一个新项目中编辑、合成影片，首先需要建立一个_____，通过对各素材进行编辑达到最终合成效果。

8. 一般非线性编辑的操作流程可以简单分为_____、_____和_____三大部分。

二、不定项选择题

1. After Effects CC 中导入和管理素材是在下面哪个窗口中进行的？（　　　）

A. "时间轴"面板　　　B. "项目"面板　　　　C. 合成窗口　　　D. "效果控制台"面板

2. 关于合成的说法，下列哪个是正确的？（　　　）

A. 合成的合成窗口和"时间轴"面板是相互关联的，在合成窗口中进行空间操作，在"时间轴"面板中进行时间操作

B. 合成的合成窗口和"时间轴"面板是相互关联的，在合成窗口中进行时间操作，在"时间轴"面板中进行空间操作

C. 合成的合成窗口和"时间轴"面板是没有关系的，在合成窗口中进行空间操作，在"时间轴"面板中进行时间操作

D. 合成的合成窗口和"时间轴"面板是没有关系的，在合成窗口中进行时间操作，在"时间轴"面板中进行空间操作

3. 下面对于视频扫描格式的叙述正确的是（　　　）。

A. NTSC 制的场频高于 PAL 制　　　　　B. NTSC 制的场频低于 PAL 制

C. NTSC 制的行频高于 PAL 制　　　　　D. NTSC 制的行频低于 PAL 制

4. 在 After Effects CC 中，导入序列静态图片时，应（　　　）。

A. 直接双击序列图像的第一个文件即可导入

B. 选择序列文件的第一个文件后，需要勾选对话框中的"Targa 序列"复选框，然后单击"导入"按钮

C. 需要选择全部序列图像的名称

D. 使用"导入"→"多个文件"

5. After Effects CC 可以导入下列哪些类型的文件格式？（　　　）

A. TGA　　　　　　　B. AI　　　　　　　C. JPG　　　　　　D. MAX

三、简答题

1. 简述非线性编辑的工作流程。

2. "项目"面板有哪些作用？

第2章　　二维合成

本章教学目标

1. 了解图层的概念，掌握图层的创建方法；
2. 掌握常见图层属性的设置技巧；（重点）
3. 掌握利用图层属性制作动画的技巧；（重点）
4. 学会关键帧的查看及创建方法；
5. 学会关键帧的编辑和修改。（难点）

2.1　　图层的概念

After Effects 引用了 Photoshop 中关于图层的概念，不仅能够导入 Photoshop 产生的图层文件，还可以在合成中创建图层文件。将素材导入合成中，素材会以合成中的一个图层的形式存在，将多个图层进行叠加便可以得到最终的合成效果。

图层的叠加就像是具有透明部分的胶片叠在一起，上层的画面遮住下层的画面，而上层的透明部分可表示出下层的画面，多层重叠在一起就可以得到完整的画面，如图 2-1 所示。

图 2-1　图层的示意图

2.2　　图层的基本操作

图层，指的就是素材层，是 After Effects 软件的重要组成部分，几乎所有的特效及动画效果都是在图层中完成的，特效的应用首先要添加到图层中，才能制作出最终效果。图层的基本操作，包括创建图层、选择图层、删除图层、修改图层的顺序、图层的复制与粘贴、序列图层等，掌握这些基本操作，才能更好地管理图层，并应用层制作优质的影像效果。

1. 创建图层

图层的创建非常简单，只需要将导入"项目"面板中的素材，拖动到"时间轴"面板中即可创建图层，如果同时拖动几个素材到"时间轴"面板中，就可以创建多个图层。

2. 选择图层

要想编辑图层，首先要选择图层。选择图层可以在"时间轴"面板或合成窗口中完成。

技术点睛

(1)如果要选择某一个图层,可以在"时间轴"面板中直接单击该图层,也可以在合成窗口中单击该图层的任意素材图像。

(2)如果要选择多个图层,可以在按住"Shift"键的同时,选择连续的多个图层;按住"Ctrl"键依次单击要选择的图层名称,可以选择多个不连续的图层;还可以从"时间轴"面板中的空白处单击拖出一个矩形框,与框有交叉的图层将被选择。

(3)如果要选择全部图层,可执行"编辑"→"选择全部"菜单命令或按"Ctrl+A"组合键;如果要取消图层的选择,可执行"编辑"→"取消全部"菜单命令或在"时间轴"面板中的空白处单击,即可取消图层的选择。

3. 删除图层

有时由于错误的操作,可能会产生多余的图层,这时需要将其删除。删除图层的方法十分简单,首先选择要删除的图层,然后执行"编辑"→"清除"菜单命令或按"Delete"键即可。

4. 修改图层的顺序

选择某个图层后,按住鼠标左键将它拖动到需要的位置,当出现一个黑色的长线时,释放鼠标即可改变图层顺序,如图 2-2 所示。

图 2-2　修改图层的顺序

还可以应用"图层"→"排列"菜单命令下的子命令,来改变图层的顺序。

技术点睛

向上移动图层:Ctrl+]　　　　向下移动图层:Ctrl+[

图层置顶:Ctrl+Shift+]　　　图层置底:Ctrl+ Shift+ [

5. 图层的复制与粘贴

复制命令可以将相同的素材快速重复使用,选择要复制的图层后,执行"编辑"→"复制"菜单命令或按"Ctrl+C"组合键,可以将图层复制。

在目标的合成中,执行"编辑"→"粘贴"菜单命令或按"Ctrl+V"组合键,即可将图层粘贴,粘贴的图层将位于当前选择图层的上方。

另外,执行"编辑"→"副本"菜单命令或按"Ctrl+D"组合键,快速复制一个位于所选图层上方的副本图层。

技术点睛

副本和复制的不同之处在于:副本命令只能在同一个合成中完成副本的制作,不能跨合成复制;而复制命令可以在不同的合成中完成复制。

6. 序列图层

序列图层就是将选择的多个图层按一定的次序进行自动排序,并根据需要设置排序的重叠方式,还可以通过持续时间来设置重叠的时间。选择多个图层后,执行"动画"→"关键帧助理"→"序列图层"菜单命令,打开"序列图层"对话框,如图 2-3 所示。

图 2-3　"序列图层"对话框

通过不同的参数设置,将产生不同的层过渡效果。"关"表示不使用任何过渡效果,直接从前一素材切换到后一素材;"溶解前景图层"表示前一素材逐渐透明消失,后一素材出现;"交叉溶解前景和背景图层"表示前一素材和后一素材以交叉方式渐隐过渡。重叠持续时间设置为 20 帧,"溶解前景图层"过渡效果如图 2-4 所示。

图 2-4　序列图层过渡效果

2.3　图层的属性

在视频编辑过程中,图层属性是制作视频的重点,可以辅助视频制作及 特效显示,掌握这些内容就显得非常重要,下面来讲解这些常用属性。

1. 图层的基本属性

图层的基本属性主要包括图层的显示与隐藏、音频的显示与隐藏、图层的独奏、图层的锁定与重命名。

"图层的显示与隐藏" :单击该图标,可以将图层在显示与隐藏之间切换。图层的隐藏不但可以关闭该图层图像在合成窗口中的显示,还影响最终输出效果,如果想在输出的画面中出现该图层,还要将其显示。

"音频的显示与隐藏" :在图层的左侧有个音频图标,添加音频图层后,单击该图标,图标会消失,在预览合成时将听不到声音。

"图层的独奏"　：在图层的左侧有一个图层的独奏的图标,单击该图标,其他图层的视频图标就会变为灰色,在合成窗口中只显示开启独奏的图层,其他图层处于隐藏状态。

"图层的锁定"　：单击该图标,可以将图层在锁定和解锁之间切换。图层锁定后,将不能再对该图层进行编辑。

"重命名":单击选择层,并按"Enter"键,激活输入框,然后直接输入新的名称即可,图层的重命名可以更好地对不同图层进行操作。

2. 图层的高级属性

在"时间轴"面板的中部,还有一个属性区,主要用来对素材层显示、质量、特效、动态模糊等属性进行设置与显示,如图 2-5 所示。

图 2-5　属性区

"消隐"图标　：单击"消隐"图标,可以将选择图层隐藏,而图标样式会变为　图标,但"时间轴"面板中的层不发生任何变化。如果想隐藏该设置的图层,可以在"时间轴"面板上方单击"消隐开关"按钮　,即可开启消隐功能。

"塌陷"图标　：单击"塌陷"图标后,嵌套图层的质量会提高,渲染时间减少。

"质量和采样"图标　：用于设置合成窗口中素材的显示质量,单击图标可以切换高质量与低质量两种显示方式。

"效果"图标　：在图层上增加效果后,当前图层将显示"效果"图标,单击"效果"图标后,当前图层就取消了效果的应用。

"帧混合"图标　：可以在渲染时对影片进行柔和处理,通常在调整素材播放速率后单击应用。首先在"时间轴"面板中选择动态素材层,然后单击"帧混合"图标,最后在"时间轴"面板上方单击"帧混合开关"按钮,开启帧混合功能。

"运动模糊"图标　：可以在 After Effects CC 软件中记录图层位置运动时产生模糊效果。

"调整图层"图标　：可以将原图层制作成透明图层,在开启"调整图层"图标后,在调整图层下方的这个图层上可以同时应用其他效果。

图 2-6　开关按钮

"3D 图层"图标　：可以将二维图层转换为三维图层,开启"3D 图层"图标后,层将具有 Z 轴属性。

在"时间轴"面板的上方还包含了六个开关按钮,用来对视频进行相关的属性设置,如图 2-6 所示。

"合成微型流程图"按钮　：开启该功能,打开流程图窗口,可以清楚地看到当前制作的逻辑结构。

"草稿 3D"按钮　：在三维环境中进行制作时,可以将环境中的阴影、摄像机和模糊等功能状态进行屏蔽,以草图的形式显示,以加快预览速度。

"消隐开关"按钮　：隐藏为其设置了"消隐"的所有图层。

"帧混合开关"按钮　：为设置了"帧混合"的所有图层启用帧混合。

"运动模糊开关"按钮 ：为设置了"运动模糊"的所有图层启用运动模糊。

"图表编辑器"按钮 ：开启该功能，打开图表编辑器，可以通过曲线调整动画。

3. 图层属性设置

在"时间轴"面板中，每个图层都有相同的基本属性设置，包括图层的锚点、位置、缩放、旋转和不透明度，这些常用图层属性是进行动画设置的基础，也是修改素材比较常用的属性设置，是掌握基础动画制作的关键所在。

当创建一个图层时，图层列表也相应出现，应用的特效越多，图层列表的选项也就越多，图层的大部分属性修改、动画设置，都可以通过图层列表中的选项来完成。展开图层列表，可以单击图层左侧的 ▶ 按钮，如图 2-7 所示。

图 2-7　图层列表显示效果

"锚点"：主要用来控制素材的旋转或缩放中心，即素材的旋转或缩放中心点位置。

"位置"：用来控制素材在合成窗口中的相对位置，为了获得更好的效果，位置和锚点参数可结合应用。

"缩放"：用来控制素材的大小，可以通过直接拖动的方法来改变素材大小，也可以修改参数来改变素材的大小。

"旋转"：用来控制素材的旋转角度，依据锚点的位置，使用旋转属性，可以使素材产生相应的旋转变化。

"不透明度"：用来控制素材的透明度程度。

2.4　关键帧动画

在 After Effects CC 软件中，所有的动画效果基本上都有关键帧的参与，关键帧是组成动画的基本元素，关键帧动画至少要通过两个关键帧来完成。特效的添加及改变也离不开关键帧，可以说，掌握了关键帧的应用，也就掌握了动画制作的基础和关键。

1. 创建关键帧

在 After Effects CC 软件中，基本上每一个特效或属性，都对应一个"时间变化秒表"，要想创建关键帧，可以单击该属性左侧的"时间变化秒表"，将其激活。这样，在"时间轴"面板中，当前时间位置将创建一个关键帧，取消"时间变化秒表"的激活状态，将取消该属性所有的关键帧。

创建关键帧时，首先在"时间轴"面板展开图层列表，单击某个属性，如"位置"左侧的"时间变化秒表"按钮 ，将其激活，这样就创建了一个关键帧，如图 2-8 所示。

图 2-8 创建关键帧

如果"时间变化秒表"已经处于激活状态,即表示该属性已经创建了关键帧。可以通过两种方法再次创建关键帧,但不能再使用"时间变化秒表"来创建,因为再次单击"时间变化秒表",将取消"时间变化秒表"的激活状态,这样就自动取消了所有关键帧。

方法一:通过修改数值。当"时间变化秒表"处于激活状态,说明已经创建了关键帧,此时要创建其他关键帧,可以将时间调整到需要的位置,然后修改该属性的值,即可在当前时间帧位置创建一个关键帧。

方法二:通过添加关键帧按钮。将时间调整到需要的位置后,单击该属性左侧的"在当前时间添加/移除关键帧"按钮,就可以在当前时间位置创建一个关键帧,如图 2-9 所示。

图 2-9 添加/移除关键帧

技术点睛

使用方法二创建关键帧,可以只创建关键帧,而保持属性的参数不变;使用方法一创建关键帧,不但创建关键帧,还修改了该属性的参数。方法二创建的关键帧,有时被称为延时帧或保持帧。

2. 查看关键帧

在创建关键帧后,该属性的左侧将出现关键帧导航按钮,通过关键帧导航按钮,可以快速地查看关键帧。

关键帧导航有多种显示方式,并代表不同的含义,◀表示跳转到上一帧;◆表示在当前时间添加/移除关键帧;▶表示跳转到下一帧。

当关键帧导航显示为◀◆时,表示当前关键帧左侧有关键帧,而右侧没有关键帧;当关键帧导航显示为◀◆▶时,表示当前关键帧左侧和右侧都有关键帧;当关键帧导航显示为◆▶时,表示当前关键帧右侧有关键帧,而左侧没有关键帧。

当"在当前时间添加/移除关键帧"为灰色效果◇时,表示当前时间位置没有关键帧,单击该按钮可以在当前时间创建一个关键帧;当"在当前时间添加/移除关键帧"为蓝色效果◆时,表示当前时间位于关键帧上,单击该按钮将删除当前时间位置的关键帧。

3. 编辑关键帧

创建关键帧后，有时还需对关键帧进行修改，这时就需要重新编辑关键帧。关键帧的编辑包括选择关键帧、移动和加长或缩短关键帧、复制和粘贴关键帧及删除关键帧。

（1）选择关键帧

编辑关键帧的首要条件是选择关键帧，选择关键帧的操作很简单，只要在"时间轴"面板中直接单击关键帧图标，关键帧将显示为蓝色，表示已经选定关键帧，如图 2-10 所示。

配合"Shift"键，可以选择多个关键帧。

（2）移动和加长或缩短关键帧

关键帧的位置可以随意移动，以更好地控制动画效果。可以同时移动一个关键帧，也可以同时移动多个关键帧，还可以将多个关键帧距离拉长或缩短。

①移动关键帧

选择关键帧后，按住鼠标左键拖动关键帧到需要的位置，就可以移动关键帧，移动过程如图 2-11 所示。

图 2-10　关键帧的选择

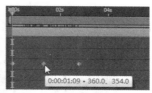

图 2-11　移动关键帧

②拉长或缩短关键帧

选择多个关键帧后，同时按住鼠标左键和"Alt"键，向外拖动拉长关键帧距离，向里拖动缩短关键帧距离。这种距离的改变，只是改变所有关键帧的距离大小，关键帧间的相对距离是不变的。

（3）复制、粘贴关键帧

在"时间轴"面板中按"Ctrl＋C"组合键，对选择的关键帧进行复制，然后，按"Ctrl＋V"组合键粘贴，即可完成重复动画的制作。

（4）删除关键帧

如果在操作时出现了失误，添加了多余的关键帧，可以按"Delete"键将不需要的关键帧删除。

实战训练 1
小天使飞行动画

2.5　实战训练 1：小天使飞行动画

本例通过制作一个小天使振动翅膀在花丛中飞行的动画来讲解 After Effects CC 二维合成中动画关键帧的设置技巧，以加深读者对复制帧、粘贴帧、移动帧等知识点的理解和掌握。小天使飞行动画效果如图 2-12 所示。

图 2-12　小天使飞行动画效果

操作步骤：

1.导入素材。打开 After Effects CC 软件，按"Ctrl＋I"组合键，打开"导入文件"对话框，以合成的方式导入素材"天使.psd"文件，如图 2-13 所示。

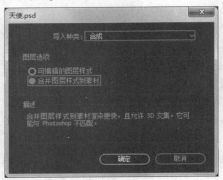

图 2-13　以合成方式导入素材(1)

2.新建合成。执行"合成"→"新建合成"菜单命令，打开"合成设置"对话框，设置合成参数如图 2-14 所示。

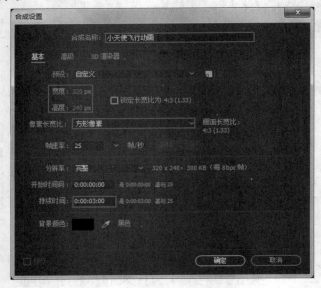

图 2-14　设置合成参数(1)

3.添加素材到"时间轴"面板。在"项目"面板中单击"天使图层"文件夹左边的按钮，在列表框中按住"Ctrl"键选择将要使用的四个素材，并拖动到"时间轴"面板中，如图 2-15 所示。

4.调整小天使位置。在"时间轴"面板中，选择第 1～3 层，在合成窗口中，按住鼠标左键拖动对象到如图 2-16 所示的位置。

5.设置锚点。选中第 2 层，按"A"键，打开锚点属性。在合成窗口内按住鼠标左键拖动中心点到如图 2-17 所示的位置。

图 2-15　添加素材

图 2-16　调整小天使位置后的效果

图 2-17　设置锚点后的效果

6. 选中第 3 层，按"A"键，打开锚点属性，在合成窗口内按住鼠标左键拖动中心点到与第 2 层相同的位置。

7. 设置翅膀旋转动画。选择第 2、3 层，按"R"键，打开旋转属性。确保时间指示器处于 0：00：00：00 帧的位置，激活其属性前面的"时间变化秒表"按钮，此时在两个图层的时间轴区域各生成一个关键帧，记录当前图层的旋转角度，如图 2-18 所示。

图 2-18　0：00：00：00 帧处的旋转效果

8.拖动时间指示器到 0:00:00:05 帧的位置,选择第 2 层,设置角度为 0x－10.0°;选择第 3 层,设置角度为 0x＋10.0°,如图 2-19 所示。

图 2-19　0:00:00:05 帧处的旋转效果

9.选择第 2 层,框选所有关键帧,按下"Ctrl＋C"组合键,复制关键帧。拖动时间指示器到 0:00:00:10 帧的位置,按下"Ctrl＋V"组合键,粘贴关键帧,如图 2-20 所示。

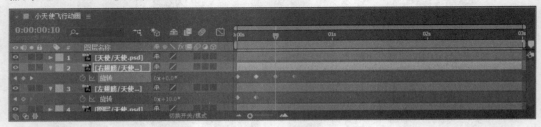

图 2-20　在时间轴区域内复制关键帧

10.再次选择第 2 层,框选所有关键帧,按下"Ctrl＋C"组合键,复制关键帧。拖动时间指示器到 0:00:00:20 帧的位置,按下"Ctrl＋V"组合键,粘贴关键帧,如图 2-21 所示。依此类推,直到复制完成到第 3 秒。

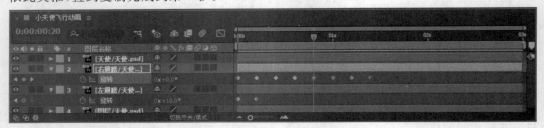

图 2-21　第 2 次在时间轴区域内复制关键帧

11.用上述相同的方法,对第 3 层每隔 5 帧复制一次关键帧,直到复制完成到第 3 秒处,如图 2-22 所示,完成翅膀振动效果的制作。

图 2-22　第 2、3 层关键帧复制情况

12.设置位置动画。拖动时间指示器到 0:00:00:00 帧的位置,按住"Ctrl"键的同时

选择第 1、2、3 层,按"P"键,打开位置属性。激活其属性前面的"时间变化秒表"按钮,此时在三个图层的时间轴区域将各生成一个关键帧,如图 2-23 所示,记录当前图层所处的位置。

图 2-23 0:00:00:00 帧处的位置效果

13. 拖动时间指示器到 0:00:01:00 帧的位置,在合成窗口中按住鼠标左键拖动图层到如图 2-24 所示位置。此时,在三个图层的时间轴区域将各生成一个关键帧,记录当前图层所处位置。

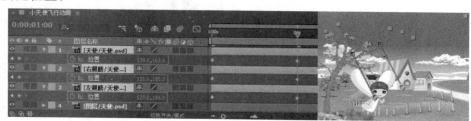

图 2-24 0:00:01:00 帧处的位置效果

14. 拖动时间指示器到 0:00:02:00 帧的位置,在合成窗口中按住鼠标左键拖动图层到如图 2-25 所示位置。此时,在三个图层的时间轴区域将各生成一个关键帧,记录当前图层所处位置。

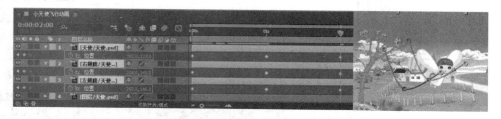

图 2-25 0:00:02:00 帧处的位置效果

15. 拖动时间指示器到 0:00:02:24 帧的位置,在合成窗口中按住鼠标左键拖动图层到如图 2-26 所示位置。此时,在三个图层的时间轴区域将各生成一个关键帧,记录当前图层所处位置。

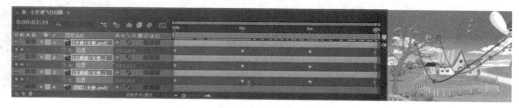

图 2-26 0:00:02:24 帧处的位置效果

16．编辑完成后，执行"文件"→"保存"菜单命令，保存文件。

17．渲染输出。执行"图像合成"→"添加到渲染队列"菜单命令，或按"Ctrl＋M"组合键，打开"渲染队列"窗口，单击 渲染 按钮，输出视频。

2.6　实战训练2：可爱的小蝌蚪

本例主要应用 After Effects CC，使用图层编辑蝌蚪的大小和方向，使用"动态草图"命令绘制动画路径并自动添加关键帧，并使用"平滑器"命令自动减少关键帧的方式来制作动画。可爱的小蝌蚪动画效果如图 2-27 所示。

图 2-27　可爱的小蝌蚪动画效果

操作步骤：

1．导入素材。打开 After Effects CC 软件，按"Ctrl＋I"组合键，打开"导入文件"对话框，以合成的方式导入素材"小蝌蚪.psd"文件，如图 2-28 所示。

2．新建合成。执行"合成"→"新建合成"菜单命令，打开"合成设置"对话框，设置合成参数如图 2-29 所示。

实战训练2
可爱的小蝌蚪

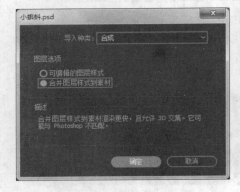

图 2-28　以合成方式导入素材（2）

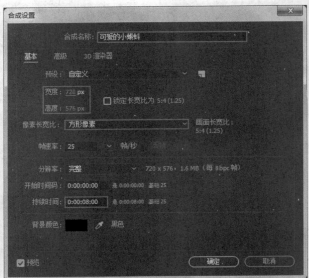

图 2-29　设置合成参数（2）

3.调整素材大小。在"时间轴"面板中调整素材的出点为 8 秒。选择背景和荷花图层,按"Ctrl＋Alt＋F"组合键,使素材层适合合成窗口,效果如图 2-30 所示。

图 2-30　设置素材适合合成窗口

4.设置"小蝌蚪"图层属性。选择"小蝌蚪"图层,按"S"键,打开缩放属性,设置"缩放"为(55.0,55.0)％。选择"锚点工具" ，在合成窗口中按住鼠标左键,调整小蝌蚪的中心点位置,如图 2-31 所示。

图 2-31　设置缩放属性和锚点位置

5.选中"小蝌蚪"图层,按"R"键,打开旋转属性,设置"旋转"为 0x＋100.0°;按"Shift＋P"组合键,设置"位置"为(238.0,438.0),图层属性和效果如图 2-32 所示。

图 2-32　旋转和位置参数

6.绘制动态草图。执行"窗口"→"动态草图"菜单命令,打开"动态草图"面板,设置参数如图 2-33 所示。

7.单击 开始捕捉 按钮,在合成窗口中的鼠标指针变成十字形状时,在窗口中绘制运动路径,如图 2-34 所示。

图 2-33　设置动态草图参数　　　　　　　图 2-34　绘制运动路径

8.选择"小蝌蚪"图层,执行"图层"→"变换"→"自动方向"菜单命令,打开"自动方向"对话框,选择"沿路径定向"选项,如图 2-35 所示。单击"确定"按钮,效果如图 2-36 所示。

图 2-35　设置自动方向　　　　　　　　图 2-36　自动方向效果

9.选择"小蝌蚪"图层,按"P"键,打开位置属性,用框选的方法选中所有关键帧,执行"窗口"→"平滑器"菜单命令,打开"平滑器"面板,设置参数如图 2-37 所示。单击"应用"按钮,制作完成后的动画就会更加流畅。

10.添加投影特效。选择"小蝌蚪"图层,执行"效果"→"透视"→"投影"菜单命令,在"效果控制台"面板设置参数如图 2-38 所示。

图 2-37　设置平滑器　　　　　　　图 2-38　设置投影参数

11. 编辑复制的图层。选择"小蝌蚪"图层，按"Ctrl＋D"组合键复制一层，即"小蝌蚪 2"图层。按"P"键，打开位置属性，单击其属性前面的"时间变化秒表"按钮，取消所有关键帧，如图 2-39 所示。

图 2-39　取消关键帧

12. 按上述方法设置另一个蝌蚪的路径动画，如图 2-40 所示。

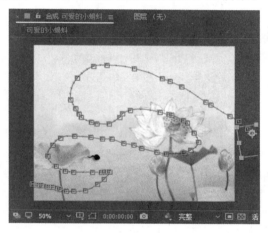

图 2-40　另一个蝌蚪的路径动画效果

13. 在"时间轴"面板中，将新复制的图层的入点设置为 0:00:01:20 帧，如图 2-41 所示。此时，可爱的小蝌蚪动画制作完成。

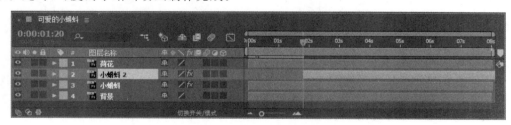

图 2-41　设置复制图层入点

14. 执行"文件"→"保存"菜单命令，保存文件。

15. 渲染输出。执行"图像合成"→"添加到渲染队列"菜单命令，或按"Ctrl＋M"组合键，打开"渲染队列"窗口，单击 渲染 按钮，输出视频。

2.7　本章小结

本章详细讲解了使用 After Effects CC 制作初级动画合成。首先了解了图层的概念，并学习了图层的基本操作和属性等相关知识；然后学习创建动画所必需的关键帧，以及编辑关键帧的相关操作。在两个案例中对图层的属性设置及关键帧的添加进行实践。

2.8　习　题

一、填空题

1. 图层的基本属性包括_____、_____、_____、_____和_____。

2. 在"时间轴"面板中，通过为素材_____选项进行关键帧变化，可以为对象创建旋转动画效果。

3. 在"时间轴"面板中，改变图层的顺序可使用_____菜单命令。

4. After Effects CC 对合成进行预览使用小键盘的_____键。

5. 在 After Effects CC 中，给当前图层的锚点属性添加一个关键帧的快捷键为_____。

二、不定项选择题

1. 当合成 B 作为合成 A 的图层存在的时候，下列描述正确的是（　　）。

A. 合成 B 与其产生的图层会产生互动的关系，对一方的改动必然影响另一方

B. 对合成 B 的改动会影响其产生的图层，对图层的操作则对合成 B 不发生影响

C. 合成 B 会受到其产生的图层的影响，但是对合成 B 的操作不影响其图层

D. 合成 B 与其产生的图层之间不发生影响

2. 根据图层的变换动画，产生真实的运动模糊现象，下列哪种方法是正确的？（　　）

A. 打开"运动模糊"开关　　　　　　　　B. 应用"拖尾"特效

C. 应用"方向模糊"特效　　　　　　　　D. 应用"高斯模糊"特效

3. 关于 After Effects CC 调整图层，下面说法正确的是（　　）。

A. 它对合成中所有的图层都产生影响

B. 它对时间轴中位于它上面的图层产生影响

C. 它对时间轴中位于它下面的图层产生影响

D. 仅仅纯色层可以做调整图层

4. 下列有关图层的描述正确的是（　　）。

A. 在时间轴中处于上方的图层一定会挡住其下方的图层

B. 利用层模式，可以根据图层间的颜色差异，产生混合效果

C. 对于 RPF 和 PSD 这样含有图层的文件，可以选择个别图层单独导入

D. 合成中的多个图层可以被组合为一个图层

5. 下列哪些因素可以加快动画的运动？（　　）

A. 关键帧间隔时间缩短　　　　　　　　B. 关键帧间隔时间加长

C. 关键帧间的数据差增大　　　　　　　D. 关键帧间的数据差减小

第3章 蒙版合成

●本章教学目标

1. 了解蒙版的原理，学习形状蒙版的创建方法；(重点)
2. 学习蒙版形状的修改及节点的转换调整方法；(重点)
3. 掌握蒙版属性的设置技巧和蒙版动画的制作技巧。(难点)

3.1 蒙版的原理

　　蒙版，又称为 Mask，即遮蔽、遮挡的意思。一般来说，蒙版需要两个图层，上面的图层称为蒙版层，下面的图层称为被蒙版层。通过蒙版层中的图形或轮廓图像，可以透出下面图层中的内容。也就是说，可将蒙版层中的图形或轮廓图像看作在蒙版层中挖出的洞，通过这个洞可以看到被蒙版层的相应内容，如图 3-1 所示。

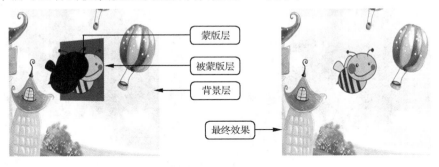

图 3-1　蒙版的原理

　　需要注意的是，在 After Effects CC 软件中，可以在一个图层上绘制轮廓以达到蒙版的效果，如图 3-2 所示。

图 3-2　After Effects CC 中蒙版的应用

3.2　蒙版的基本操作

1. 创建蒙版

蒙版主要用来去除图像多余的背景以及制作图像间平滑过渡等效果。After Effects 软件提供了多种创建蒙版的工具，可以直接使用这些工具在素材层、纯色层或其他层中创建蒙版，也可以直接导入 Photoshop 或 Illustrator 等第三方软件中的路径来创建。

（1）创建规则蒙版

在工具栏中的"矩形工具"按钮 上单击并按住鼠标左键不放，即会弹出规则蒙版工具下拉菜单，如图 3-3 所示，利用该组工具可以绘制不同类型的规则蒙版。

图 3-3　规则蒙版工具下拉菜单

技术点睛

按住"Shift"键的同时拖动鼠标，可以创建正方形、正圆角矩形、正圆形蒙版，在创建多边形和星形蒙版时，按住"Shift"键可固定它们的创建角度。

（2）创建不规则蒙版

使用工具栏中的"钢笔工具"可以创建任意形状的不规则蒙版。单击工具栏中的"钢笔工具"按钮 ，在需要添加蒙版的图层上单击可添加直线连接点，单击并按住鼠标左键不放拖动可添加曲线连接点，最后回到起点单击，闭合路径即可完成蒙版的创建，如图 3-4 所示。

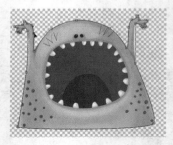

图 3-4　用"钢笔工具"创建蒙版

技术点睛

用"钢笔工具"可以绘制闭合的路径，也可以绘制开放的路径，但只有闭合的路径才能起到蒙版的作用；开放的路径可辅助完成其他动画及特效效果。

（3）输入数据创建蒙版

选择需要添加蒙版的图层，单击"图层"→"蒙版"→"新建蒙版"菜单命令，系统会沿当前层的边缘创建一个蒙版；选中创建的蒙版，单击"图层"→"蒙版"→"蒙版形状"菜单命令，即会打开"蒙版形状"对话框，如图 3-5 所示。在其"定界框"选项组中可以设置蒙版的范围和单位；在"形状"选项组中可指定蒙版的形状。

图 3-5　"蒙版形状"对话框

（4）导入第三方软件路径

在 After Effects CC 软件中可以导入第三方软件中的路径。在 Photoshop 或 Illustrator 等软件中，将绘制好的路径复制，在 After Effects CC 软件中选中需要添加蒙版的层，执行"编辑"→"粘贴"菜单命令，即可完成蒙版的引用。

2. 编辑蒙版形状

为了使蒙版更适合图像轮廓要求，时常需要对创建的蒙版进行修改，下面就来介绍一下蒙版形状的编辑方法。

（1）选择蒙版的控制点

在 After Effects CC 软件中，蒙版的控制点有两种类型，即连接直线的角点和连接曲线的曲线点，在曲线点的两侧有控制柄，可以调节曲线的弯曲程度。

单击工具栏中的"选取工具"按钮，在蒙版的控制点上单击即可选中控制点，按住"Shift"键单击，可同时选择多个控制点；也可以通过按住鼠标左键拖动，以框选的方式选择控制点，包含在选框中的控制点将全部被选中。

技术点睛

选中的控制点以实心矩形表示，未选中的控制点以空心矩形表示。通过调整已选中控制点的位置可以改变蒙版的形状。

在蒙版任意位置双击，可以快速选择所有控制点，并出现约束控制框，通过约束控制框可以实现对蒙版的缩放、旋转等操作，如图 3-6 所示。

（2）编辑蒙版的控制点

在工具栏中的"钢笔工具"按钮上单击并按住鼠标左键不放，在其弹出的下拉菜单中包含了编辑蒙版形状的四个工具，如图 3-7 所示，运用这组工具可以实现对蒙版形状的编辑。

"添加'顶点'工具"：在蒙版上需要增加控制点的位置单击，可以添加控制点。

图 3-6 选择控制点及约束控制框操作

"删除'顶点'工具"：在蒙版上需要删除的控制点上单击，即可删除该控制点；也可以通过选中欲删除的控制点，按键盘上的"Delete"键删除。

"转换'顶点'工具"：在控制点上单击可以将曲线点转换为角点；在角点上单击并按住鼠标左键拖动，可将角点转换为曲线点，调节控制句柄可以改变曲线的曲率。

"蒙版羽化工具"：在蒙版的任意位置单击并按住鼠标左键向外拖动，调节羽化值的大小，即可为蒙版添加羽化效果，如图 3-8 所示。

 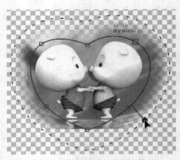

图 3-7　编辑蒙版工具下拉菜单　　　　　图 3-8　蒙版羽化工具的使用

3. 修改蒙版的属性

蒙版的属性主要包括蒙版路径、蒙版羽化、蒙版不透明度和蒙版扩展等，可以在"时间轴"面板中修改蒙版的属性，如图 3-9 所示。

图 3-9　蒙版属性列表

（1）蒙版路径：单击其右侧的"形状..."文字链接，将会打开"蒙版形状"对话框，如图 3-5 所示，前面已做阐述，在此不再赘述。

（2）蒙版羽化：用于设置蒙版羽化效果。

（3）蒙版不透明度：用于设置蒙版内图像的不透明度。

（4）蒙版扩展：用于对当前蒙版区域进行伸展或收缩。当参数为正值时，蒙版范围在原始基础上伸展；当参数为负值时，蒙版范围在原始基础上收缩。

（5）反转：默认状态下，蒙版以内显示当前图层的图像，蒙版以外为透明区域。选中"反转"复选框后，蒙版的区域将反转，如图 3-10 所示。

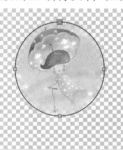

(a) 默认蒙版　　　　　　　　　　　　　(b) 反转蒙版

图 3-10　蒙版"反转"示例

（6）锁定：在蒙版名称前方的"锁定"开关上单击，可以将蒙版锁定，锁定后的蒙版将不能被修改。

4. 蒙版的混合模式

当在一个层上创建了多个蒙版时，可以在这些蒙版间运用不同的混合模式以产生不同的效果。在蒙版右侧的下拉菜单中，显示了蒙版混合模式选项，如图 3-11 所示。

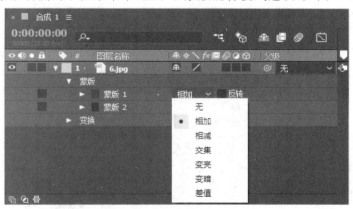

图 3-11　蒙版混合模式选项

（1）无：选择此模式，蒙版将不起作用，不在图层上产生透明区域，而只作为路径存在，如图 3-12 所示。

（2）相加：此模式是蒙版的默认模式，使用此模式，会在合成图像上显示所有蒙版内容，蒙版相交部分的不透明度相加，如图 3-13 所示。

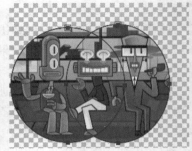

图 3-12　"无"模式　　　　　　　　　　　图 3-13　"相加"模式

（3）相减：使用此模式，上面的蒙版会减去下面的蒙版，被减区域的内容不在合成图像上显示，如图 3-14 所示。

（4）交集：使用此模式，只会显示所选蒙版与其他蒙版相交部分的内容，所有相交部分的不透明度相减，如图 3-15 所示。

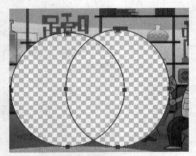

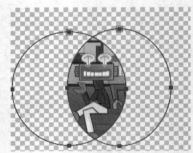

图 3-14　"相减"模式　　　　　　　　　　图 3-15　"交集"模式

（5）变亮：该模式与"相加"模式相同，但相交部分的不透明度采用不透明度较高的那个值，如图 3-16 所示，左侧蒙版 1 的不透明度为 80%，右侧蒙版 2 的不透明度为 35%。

（6）变暗：该模式与"交集"模式相同，但相交部分的不透明度采用不透明度较低的那个值，如图 3-17 所示，左侧蒙版 1 的不透明度为 80%，右侧蒙版 2 的不透明度为 35%。

（7）差值：该模式蒙版采用并集减交集的方式，在合成图像上只显示相交部分以外的所有蒙版区域，如图 3-18 所示。

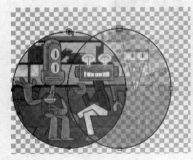

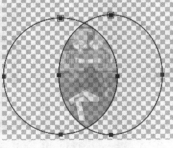

图 3-16　"变亮"模式　　　　　图 3-17　"变暗"模式　　　　　图 3-18　"差值"模式

3.3　实战训练 1：转场过渡动画

本例通过在素材层上添加蒙版，实现画面间转场过渡动画，效果如图 3-19 所示。

图 3-19　转场过渡动画效果

操作步骤：

1.导入素材。打开 After Effects CC 软件，按"Ctrl＋I"组合键，打开"导入文件"对话框，将该案例的素材导入"项目"面板中。

2.新建合成。在"项目"面板中选择"大象.avi"素材，将其拖到"时间轴"面板中创建一个合成。用同样的方法，将"长颈鹿.avi"素材拖到"时间轴"面板中，并将其放在"大象.avi"素材层下方，如图 3-20 所示。

实战训练 1
转场过渡动画

图 3-20　新建合成

3.调整层的入点位置。选择"长颈鹿.avi"素材层，将当前时间指示器移动到 0:00:06:07 帧的位置，按键盘上的"["键，将该层的入点设置到当前位置。

4.绘制蒙版。选择"大象.avi"素材层，单击工具栏中的"椭圆工具"按钮 ，绘制如图 3-21 所示的圆形蒙版。

5.制作蒙版动画。展开"大象.avi"素材层的蒙版 1 属性列表，设置"蒙版羽化"为 (50.0,50.0)像素。激活"蒙版路径"属性前面的"时间变化秒表"按钮 ，记录蒙版路径属性动画。将当前时间指示器移到 0:00:08:00 帧位置，单击工具栏中的"选取工具"按钮 ，在蒙版上双击，将其移动到合成窗口左下角位置，如图 3-22 所示。

图 3-21　绘制圆形蒙版

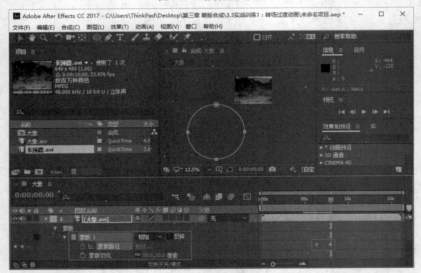

图 3-22　记录蒙版形状动画

6. 至此，转场过渡动画制作完成。执行"文件"→"保存"菜单命令，保存文件。

7. 渲染输出。执行"合成"→"添加到渲染队列"菜单命令，或按"Ctrl＋M"组合键，打开"渲染队列"窗口，设置渲染参数，单击　渲染　按钮，输出视频。

3.4　实战训练 2：扫光动画

本例通过使用轨道遮罩，实现光芒扫过文字的动画，效果如图 3-23 所示。

实战训练 2
扫光动画

图 3-23　扫光动画效果

操作步骤：

1. 新建合成。打开 After Effects CC 软件，执行"合成"→"新建合成"菜单命令，打开"合成设置"对话框，设置参数，如图 3-24 所示。

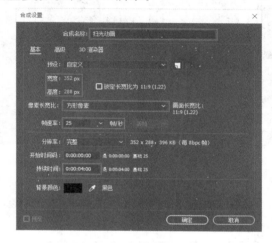

图 3-24　设置合成参数

2. 导入素材。按"Ctrl＋I"组合键，打开"导入文件"对话框，将该案例的素材导入"项目"面板中。在"项目"面板中选择"扫光背景.jpg"素材，将其拖到"时间轴"面板中，如图 3-25 所示。

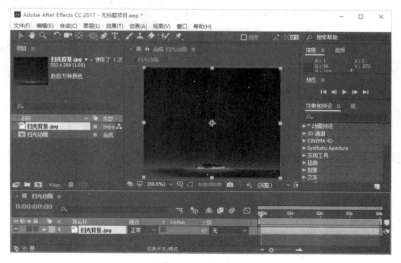

图 3-25　添加素材

3. 输入文字。单击工具栏中的"横排文字工具"按钮 **T** ,在合成窗口中单击,输入文字"扫光动画"。选中输入的文字,在"字符"面板中设置文字参数,如图 3-26 所示,其中"填充色"为 RGB (73,30,0),"描边颜色"为 RGB(137,233,23)。

图 3-26　设置文字参数

4. 创建纯色层。按"Ctrl+Y"组合键,创建一个白色纯色层,命名为"光芒"。单击工具栏中的"矩形工具"按钮 ▢ ,在新创建的纯色层上绘制一个小的矩形,如图 3-27 所示。

图 3-27　绘制矩形蒙版

5. 设置蒙版参数。按"F"键,展开蒙版羽化属性,设置其值为(12.0,12.0)像素,旋转并调整其位置,如图 3-28 所示。

图 3-28 设置蒙版参数

6. 设置光芒动画。按"M"键,展开"光芒"图层的蒙版路径属性,将当前时间指示器移动到 0:00:00:00 帧的位置,激活蒙版路径属性前面的"时间变化秒表"按钮,记录其位置动画;将当前时间指示器移到 0:00:03:24 帧的位置,将光芒路径调到文字右下方,如图 3-29 所示。

图 3-29 设置光芒动画

7. 复制文字层。在"时间轴"面板中选择"扫光动画"文字层,按"Ctrl+D"组合键,复制文字层,并将其移动到"光芒"图层上方。

8. 设置轨道遮罩。选择"光芒"图层,在其右侧的按钮 无 下拉菜单中选择"Alpha 遮罩'扫光动画 2'"选项,如图 3-30 所示。

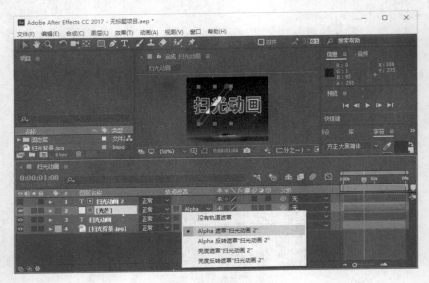

图 3-30　设置轨道遮罩

技术点睛

轨道遮罩通过一个遮罩层的 Alpha 通道或亮度值定义其他层的透明区域。

例：上层为文字，下层为图像。

• Alpha 遮罩：将上层文字的 Alpha 通道作为图像层的透明遮罩，同时其上的文字层的显示状态会被关闭。

• Alpha 反转遮罩：将上层的文字作为图像层的透明遮罩，同时其上文字层的显示状态会被关闭。

• 亮度遮罩：通过亮度来设置透明区域。

• 亮度反转遮罩：反转亮度遮罩的透明区域。

9.至此，扫光动画制作完成，执行"文件"→"保存"菜单命令，保存文件。

10.渲染输出。执行"合成"→"添加到渲染队列"菜单命令，或按"Ctrl＋M"组合键，打开"渲染队列"窗口，设置渲染参数，单击 **渲染** 按钮，输出视频。

实战训练 3
打开的折扇

3.5　实战训练3:打开的折扇

本例通过蒙版形状的变化，实现打开的折扇动画，效果如图 3-31 所示。

图 3-31　打开的折扇动画效果

操作步骤：

1.以合成的方式导入素材。打开 After Effects CC 软件，按"Ctrl＋I"组合键，打开"导入文件"对话框，以合成的方式导入案例素材"折扇.psd"文件，如图 3-32 所示。

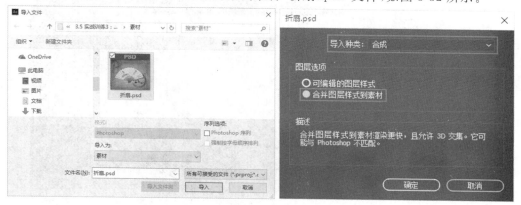

图 3-32 以合成的方式导入素材

2.在"项目"面板中，选择"折扇"合成，按"Ctrl＋K"组合键，打开"合成设置"对话框，设置合成"持续时间"为 0：00：04：00。双击并打开"折扇"合成，如图 3-33 所示。

图 3-33 折扇合成

3.调整扇柄锚点。选择"扇柄"图层，单击工具栏中的"锚点工具"按钮，在合成窗口中选择中心点，将其移动到扇柄的旋转中心位置。也可以通过"时间轴"面板"扇柄"层参数来修改锚点位置，如图 3-34 所示。

图 3-34 调整扇柄锚点

4.设置扇柄动画。按"R"键,展开"扇柄"图层的旋转属性,将当前时间指示器移动到 0:00:03:00 帧,激活"旋转"属性前面的"时间变化秒表"按钮◎,记录动画;将当前时间指示器移到 0:00:00:00 帧,设置"旋转"为 0x—146.0°,如图 3-35 所示。

图 3-35 设置扇柄动画

5.为折扇绘制蒙版。选择"折扇"图层，单击工具栏中的"钢笔工具"按钮 ，为折扇绘制蒙版，如图 3-36 所示。

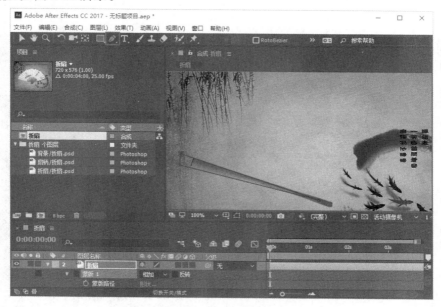

图 3-36　为折扇绘制蒙版

6.制作折扇扇面展开动画。按"M"键，展开蒙版路径属性，将当前时间指示器移动到 0:00:00:00 帧，激活其属性前面的"时间变化秒表"按钮 ，记录动画。将当前时间指示器移动到 0:00:01:00 帧，使用工具栏中的"选取工具" 调整蒙版路径，并在蒙版适当位置使用"添加'顶点'工具" 添加顶点，便于进一步调整蒙版路径，如图 3-37 所示。

图 3-37　调整折扇扇面蒙版路径

7.用同样的方法,在 0:00:02:00 帧和 0:00:03:00 帧,制作蒙版路径动画,实现折扇扇面完全展开动画,如图 3-38、图 3-39 所示。

图 3-38　折扇扇面 0:00:02:00 帧调整效果

图 3-39　折扇扇面 0:00:03:00 帧调整效果

8.为折扇扇柄绘制蒙版。选择"折扇"图层,单击工具栏中的"钢笔工具"按钮 ,为折扇扇柄绘制蒙版，如图 3-40 所示。

图 3-40　为折扇扇柄绘制蒙版

9.制作折扇扇柄展开动画。按"M"键，展开"折扇"图层的"蒙版 2"的蒙版路径属性，在第 0:00:00:00 帧，激活其属性前面的"时间变化秒表"按钮，记录动画。用制作折扇扇面展开动画同样的方法制作折扇扇柄展开动画，将当前时间指示器移动到 0:00:01:00 帧，调整蒙版路径制作动画，如图 3-41 所示。

图 3-41　折扇扇柄 0:00:01:00 帧调整效果

10.用同样的方法，在 0:00:02:00 帧和 0:00:03:00 帧，制作蒙版路径动画，实现折扇扇柄完全展开动画，如图 3-42、图 3-43 所示。

图 3-42　折扇扇柄 0:00:02:00 帧调整效果

图 3-43　折扇扇柄 0:00:03:00 帧调整效果

11. 至此,打开的折扇制作完成,执行"文件"→"保存"菜单命令,保存文件。

12. 渲染输出。执行"合成"→"添加到渲染队列"菜单命令,或按"Ctrl＋M"组合键,打开"渲染队列"窗口,设置渲染参数,单击 渲染 按钮,输出视频。

3.6　本章小结

本章主要对蒙版原理及蒙版基本操作进行了详细讲解,其中蒙版基本操作包括创建蒙版、编辑蒙版、修改蒙版属性、蒙版的混合模式四个方面。三个案例分别从蒙版基本动画、轨道蒙版动画、蒙版路径变化动画三个方面,进一步巩固蒙版知识,以便掌握蒙版编辑及蒙版动画制作技巧。

3.7　习　题

一、填空题

1.一般来说,蒙版需要两个图层,上面的图层称为_____,下面的图层称为_____。

2.按住_____键的同时拖动鼠标,可以创建正方形、正圆角矩形、正圆形蒙版。

3.蒙版的属性主要包括蒙版的混合模式、蒙版的路径、_____、_____、_____等,可以在"时间轴"面板中,修改蒙版的属性。

4.蒙版的混合模式有_____、_____、_____、变亮、变暗和差值。

二、不定项选择题

1.下列是 After Effects CC 软件中轨道遮罩类型的是(　　)。

A. Alpha 遮罩　　　　B. Alpha 反转遮罩　　C. 亮度遮罩　　　　D. 亮度反转遮罩

2.下面对蒙版的作用,描述正确的是(　　)。

A. 通过蒙版,可以对指定的区域进行屏蔽

B. 某些效果需要根据蒙版发生作用

C. 产生屏蔽的蒙版必须是封闭的

D. 应用于效果的蒙版必须是封闭的

3. 对于轨道遮罩描述正确的是(　　)。

A. 可以指定合成中的某个图层作为当前层的蒙版

B. 当前层可以将其上方的图层作为蒙版使用

C. 作为蒙版使用的图层会根据自己的 Alpha 或者亮度通道产生屏蔽

D. 作为蒙版使用的图层,会自动关闭其显示开关

4. 在 After Effects CC 中,对于已生成的蒙版,可以进行哪些调节?(　　)

A. 对蒙版边缘进行羽化　　　　　　　　B. 设置蒙版的不透明度

C. 扩展和收缩蒙版　　　　　　　　　　D. 对蒙版进行反转

5. 蒙版可以由下列哪些方法创建?(　　)

A. 使用"矩形工具"绘制创建蒙版

B. 使用"钢笔工具"连接控制点创建蒙版

C. 从 Illustrator 或者 Photoshop 中复制路径,粘贴到 After Effects 中,产生蒙版

D. 根据指定的图像通道,自动产生蒙版

第4章　文字动画

●本章教学目标

1. 掌握文字工具的使用，"字符"面板和"段落"面板的使用；（重点）
2. 掌握文字动画的制作技巧；（难点）
3. 掌握路径文字的应用；（重点）
4. 掌握文字特效的使用方法。（难点）

4.1　文字基本操作

文字可以说是视频制作的灵魂，可以起到画龙点睛的作用，它被用在制作影视片头字幕、广告宣传语等方面，掌握文字的基本操作，也是影视制作至关重要的一个环节。

1. 创建文字

在默认情况下，工具栏中的文字工具为 T ，选择该工具，按住鼠标左键，会弹出扩展工具 T ，分别用于创建横排文字和直排文字，如图 4-1 所示。选择文字工具后，在合成窗口中单击即可创建文字。同时，在"时间轴"面板中会新建一个文字图层。

图 4-1　文字工具

🐝 技术点睛

创建文字的方法：

方法一：使用菜单命令。执行"层"→"新建"→"文字"菜单命令，此时在合成窗口中出现光标效果，直接输入文字即可。

方法二：使用文字工具。单击工具栏中的 T 按钮，直接在合成窗口中单击并输入文字。

方法三：按"Ctrl＋T"组合键，选择文字工具，反复按组合键，可以在横排和直排文字间切换。

2. 修饰文字

文字创建后，可随时对其进行编辑修改，而"字符"和"段落"面板是进行文字修改的地方。利用"字符"面板可以对文本的字体、字形、字号、颜色等属性进行修改；利用"段落"面板可以对文字进行对齐、缩进等修改。

执行"窗口"→"字符"或"段落"菜单命令，或在工具栏中选择文字工具，然后单击"切换字符和段落面板"按钮 ，即可打开"字符"面板和"段落"面板，如图 4-2 和图 4-3 所示。

图 4-2 "字符"面板   图 4-3 "段落"面板

3. 文字动画

After Effects CC 具有强大的文字动画功能，可以制作出丰富的文字动画效果，增强影片效果。

（1）文字的基本动画

创建文字后，在"时间轴"面板中将出现一个文字图层，展开文字列表，将显示出"文本"属性选项，如图 4-4 所示。对该属性设置关键帧，即可产生不同时间段的文字内容变换的动画。

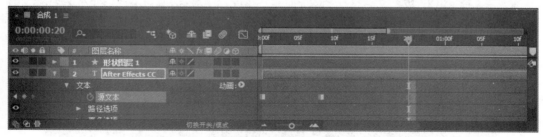

图 4-4 "源文本"属性

（2）文字的高级动画

在"文本"列表选项右侧有一个 动画:● 按钮，单击该按钮，将弹出一个菜单，该菜单包含了文字的动画制作命令，选择某个命令后，在"文本"列表选项中将添加该命令的动画选项，通过该选项，可以制作更加丰富的文字动画效果。动画菜单如图 4-5 所示。

在菜单中选择需要的动画属性，After Effects CC 会自动在"文本"列表选项中增加一个"动画制作工具 1"属性。展开"动画制作工具 1"属性，可以看到"范围选择器 1"和"不透明度"选项，如图 4-6 所示。

在为文字设置动画后，在"动画制作工具 1"属性右侧显示有 添加:● 选项，单击其右侧的 ● 按钮，在弹出的菜单中可为当前动画添加属性或选择扭曲、排列等。

图 4-5 动画菜单

图 4-6 动画属性

4. 路径文本

在"路径选项"列表中有一个"路径"选项,通过它可以制作一个路径文字,在合成窗口创建文字并绘制路径,然后通过"路径"右侧的下拉菜单,制作路径文字效果。路径文字设置及显示效果如图 4-7 所示。

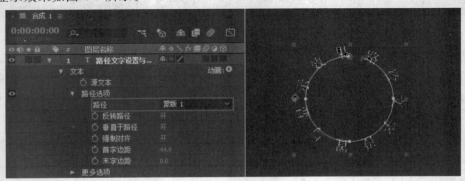

图 4-7 路径文字设置及显示效果

在应用路径文字后,在"路径选项"列表中将多出五个选项,用来控制文字与路径的排列关系,如图 4-8 所示。

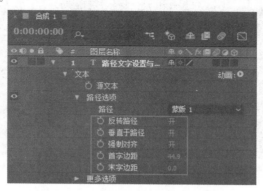

图 4-8 增加的选项

"反转路径":该选项可以将路径上的文字进行反转,反转前后效果对比如图 4-9
所示。

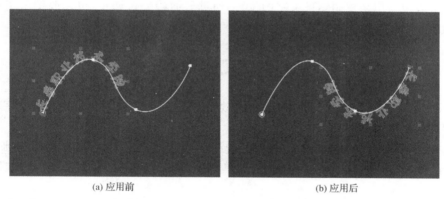

(a) 应用前   (b) 应用后

图 4-9 "反转路径"应用前后效果对比

"垂直于路径":该选项控制文字与路径的垂直关系,如果开启此功能,不管路径如何
变化,文字始终与路径垂直,应用前后的效果对比如图 4-10 所示。

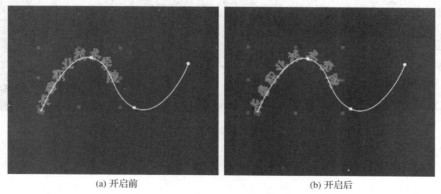

(a) 开启前   (b) 开启后

图 4-10 "垂直于路径"应用前后效果的对比

"强制对齐":强制将文字与路径两端对齐。如果文字过少,将出现文字分散的效果,
应用前后的效果对比如图 4-11 所示。

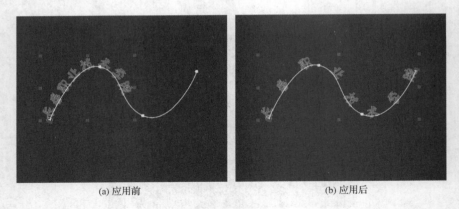

(a) 应用前　　　　　　　　　　　　　　(b) 应用后

图 4-11　"强制对齐"应用前后效果对比

　　"首字边距"：用来控制文字开始的位置，通过后面的参数调整，可以改变首字在路径上的位置。

　　"末字边距"：用来控制结束文字的位置，通过后面的参数调整，可以改变末字在路径上的位置。

4.2　文字特效

After Effects CC 中提供了四种文字特效，使用这些特效也可以创建各种文字。

1. "基本文字"特效

　　"基本文字"特效是一个相对简单的文字特效，其功能与使用文字工具创建基础文本相似。执行"特效"→"过时"→"基本文字"菜单命令，可以创建"基本文字"特效，如图 4-12 所示。

图 4-12　"基本文字"对话框及创建的文字

2. "路径文字"特效

　　"路径文字"特效是一个功能强大的文字特效，使用它可以制作出丰富的文字运动动画。执行"特效"→"过时"→"路径文字"菜单命令，可以创建路径文字特效，如图 4-13 所示。

图 4-13　"路径文字"对话框及创建的文字

3."编号"特效

"编号"特效可以产生随机的和连续的数字效果。用"编号"特效创建文本的方法与"基本文字"特效相似。执行"效果"→"文本"→"编号"菜单命令,可以创建"编号"特效,如图 4-14 所示。

图 4-14　"编号"对话框及创建的文字

4."时间码"特效

"时间码"特效用于为影片添加时间码作为影片主时间依据,方便后期制作。执行"效果"→"文本"→"时间码"菜单命令,可以创建"时间码"特效,如图 4-15 所示。

图 4-15　"时间码"特效各项参数及效果

4.3　使用特效预置动画

在 After Effects CC 的预置动画中提供了很多文字动画，在"效果和预设"面板中展开"动画预置"选项，可以在"Text（文字）"文件夹下看到所有的文字预置动画，如图 4-16 所示。

在合成窗口中创建文本后，选择合适的文字预置动画，使用鼠标直接将其拖至文字图层上即可，如图 4-17 所示为一些文字预置动画效果。

图 4-16　文字动画预设

图 4-17　预置动画效果

4.4　实战训练 1：随机文字动画

本例通过制作一个文字随机变化的动画来讲解 菜单中各选项的功能，使读者掌握不同文字属性动画的制作方法。随机文字动画效果如图 4-18 所示。

图 4-18　随机文字动画效果

操作步骤：

1. 新建合成。打开 After Effects CC 软件，执行"合成"→"新建合成"菜单命令，打开"合成设置"对话框，设置合成参数如图 4-19 所示。

2. 创建文字。执行"图层"→"新建"→"文字"菜单命令，或单击工具栏中的"横排文字工具"按钮 T，在合成窗口中单击，然后输入文字"文字随机变化的动画"，如图 4-20 所示。

实战训练 1
随机文字动画

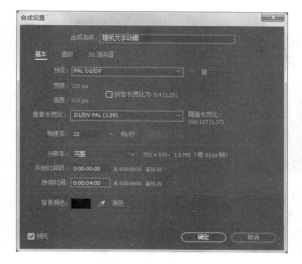

图 4-19　合成参数(1)

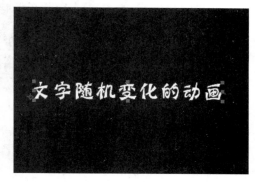

图 4-20　输入文字

3.单击工具栏右侧的"切换字符和段落面板"按钮,打开"字符"面板,设置填充的颜色为红色,描边为白色,其他参数及文字效果如图 4-21 所示。

图 4-21　文字参数设置及文字效果

4.制作文字随机动画。在"时间轴"面板中,展开文字图层,然后单击文字图层右侧的 动画:▶ 右侧的 ▶ 按钮,在弹出的菜单中选择"不透明度"命令,如图 4-22 所示。

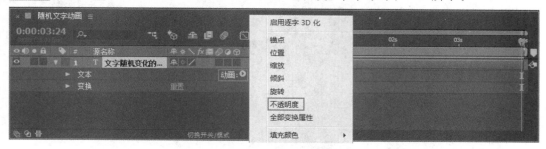

图 4-22　选择"不透明度"命令

5.在文字图层列表选项中,出现了一个"动画制作工具 1"选项组,通过该选项组可以进行随机透明动画的制作。首先将该选项组下的不透明度值设置为 0,以便制作透明动画,如图 4-23 所示。

图 4-23　设置不透明度参数

　　6. 确保时间指示器处于 0:00:00:00 帧的位置,展开"动画制作工具 1"选项组中的 "范围选择器 1"选项,激活"起始"左侧  按钮,添加一个关键帧,并设置"起始"为 0,如图 4-24 所示。

图 4-24　在 0:00:00:00 帧的位置添加关键帧

　　7. 拖动时间指示器到 0:00:03:24 帧的位置,设置"起始"为 100%,系统自动在该处创建一个关键帧,如图 4-25 所示。

图 4-25　0:00:03:24 帧的参数

　　8. 此时,拖动时间滑块或按小键盘上的"0"键,可以预览动画,动画效果如图 4-26 所示。

图 4-26　动画过程(1)

　　9. 制作文字缩放动画。单击"动画制作工具 1"选项组右侧的 添加: ◐ 上的 ◐ 按钮, 在弹出的菜单中选择"属性"→"缩放"菜单命令, 在"时间轴"面板中"范围选择器 1"选项下方出现了"缩放"选项, 将其数值设置为(1500.0, 1500.0)％, 如图 4-27 所示。

图 4-27　设置缩放参数

　　10. 拖动时间滑块或按小键盘上的"0"键, 可以预览动画, 动画效果如图 4-28 所示。

图 4-28　动画过程(2)

　　11. 制作文字旋转动画。单击"动画制作工具 1"选项组右侧的 添加: ◐ 上的 ◐ 按钮, 在弹出的菜单中选择"属性"→"旋转"菜单命令, 在"时间轴"面板中"范围选择器"选项下方出现了"旋转"选项, 将其数值设置为－2x＋0.0°, 让每个文字能够反向旋转两周, 如图 4-29 所示。

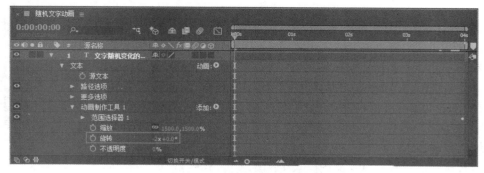

图 4-29　设置旋转动画

12. 拖动时间滑块或按小键盘上的"0"键,可以预览动画,动画效果如图 4-30 所示。

图 4-30 动画过程(3)

13. 在上面的动画预览中,文字虽然产生了缩放和旋转的动画,但是文字在旋转时并没有以每个字的轴心点来平稳地转动。这是因为 After Effects CC 软件创建文字时,默认的轴心点在其底部,需要将其调整至文字的中间部位。单击 动画:◉ 右侧的 ▶ 按钮,在弹出的菜单中选择"锚点"命令,为文字添加"动画制作工具 2"选项,并修改其下面的"锚点"参数值为(0.0,-17.0),如图 4-31 所示。

图 4-31 设置锚点参数

14. 从播放的动画预览中可以看出该动画只是一个文字逐渐透明显示的动画,而不是一个随机透明动画。下面来制作随机效果。展开"动画制作工具 1"选项组中的"范围选择器 1"选项组中的"高级"选项,设置"随机排序"为"开"。这样,就完成了随机动画的制作。

15. 保存并渲染输出。执行"图像合成"→"添加到渲染队列"菜单命令,或按"Ctrl+M"组合键,打开"渲染队列"窗口,单击 渲染 按钮,输出视频。

4.5 实战训练 2:跳动的路径文字动画

本例通过一个运动文字动画来讲解文字基本属性动画的制作方法。通过本例的学习,使读者掌握不同文字属性动画的制作方法及"拖尾""倒角 Alpha"特效的应用。跳动的路径文字动画效果如图 4-32 所示。

实战训练 2
跳动的路径文字动画

操作步骤:

1. 新建合成。打开 After Effects CC 软件,执行"合成"→"新建

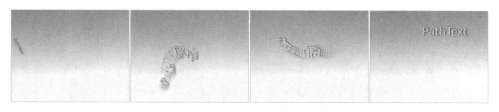

图 4-32　跳动的路径文字动画效果

合成"菜单命令,打开"合成设置"对话框,设置参数如图 4-33 所示。

图 4-33　合成参数(2)

2. 新建一个纯色层。执行"图层"→"新建"→"纯色层"菜单命令,或者按"Ctrl＋Y"组合键,创建一个白色纯色层,设置该纯色层的大小与合成一致,大小为 720×576,并命名为"背景"。

3. 为该图层添加一个"渐变"特效。执行"效果"→"生成"→"梯度渐变"菜单命令,设置渐变形状为线性渐变,"渐变起点"为(360.0,0.0),"起始颜色"为 RGB(11,170,252);"渐变终点"为(380.0,400.0),"结束颜色"为 RGB(221,253,253),如图 4-34 所示。

图 4-34　设置渐变参数及背景效果

技术点睛

"梯度渐变"特效可以产生双色渐变效果，能与原始图像相融合产生渐变特效。其参数功能如下：

"渐变起点"：设置渐变开始的位置。

"起始颜色"：设置渐变开始的颜色。

"渐变终点"：设置渐变结束的位置。

"结束颜色"：设置渐变结束的颜色。

"渐变形状"：选择渐变的方式，包括线性渐变和放射渐变。

"渐变散射"：设置渐变的放散程度，值过大时将产生颗粒效果。

"与原始图像混合"：设置渐变颜色与原图像的混合百分比。

"交换颜色"：单击该按钮可以变换起始颜色和结束颜色。

4. 再次新建一个黑色纯色层，命名为"路径文字"，颜色为黑色。

5. 选择"路径文字"图层，单击工具栏中的"钢笔工具"按钮 ，在"路径文字"图层上绘制一个路径，如图 4-35 所示。

6. 为文字图层添加路径文字特效。选中"路径文字"图层，执行"效果"→"过时"→"路径文字"菜单命令，在打开的"路径文字"对话框中输入文字"PathText"，设置文字的字体为"Calibri"，如图 4-36 所示。

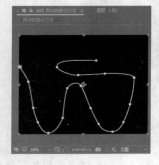

图 4-35　绘制路径　　　　　　图 4-36　设置路径文字

7. 设置路径文字特效的参数。从"自定义路径"下拉菜单中选择"蒙版 1"选项，设置填充颜色为 RGB(0,255,246)，其他参数如图 4-37 所示。

8. 制作文字沿路径运动动画效果。确保时间指示器处于 0:00:00:00 帧的位置，在"段落"选项组中，激活"左边距"左侧的 按钮，添加一个关键帧，并设置其数值为 0.00，参数设置和效果如图 4-38 所示。

9. 拖动时间指示器到 0:00:02:00 帧的位置，设置大小为 80.0，系统会自动生成关键帧；拖动时间指示器到 0:00:06:15 帧的位置，设置左边距为 2090.00，效果如图 4-39 所示。

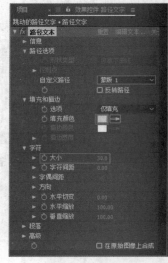

图 4-37　路径文字特效参数

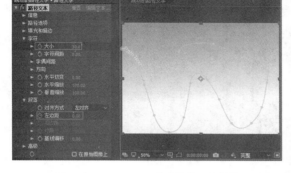

图 4-38 0:00:00:00 帧参数设置和效果 图 4-39 0:00:06:15 帧效果

10. 展开"高级"选项组中的"抖动设置"选项组,确保时间指示器处于 0:00:00:00 帧的位置,设置参数如图 4-40 所示。

11. 拖动时间指示器到 0:00:03:15 帧的位置,设置参数如图 4-41 所示。

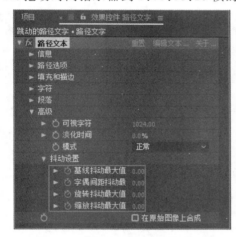 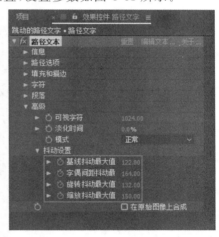

图 4-40 0:00:00:00 帧参数设置 图 4-41 0:00:03:15 帧参数设置

12. 拖动时间指示器到 0:00:06:00 帧的位置,设置参数如图 4-42 所示。

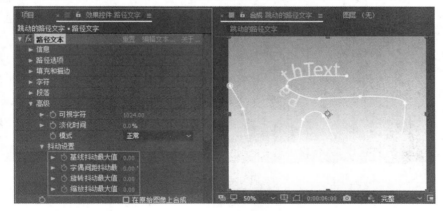

图 4-42 0:00:06:00 帧参数设置和效果

13.制作文字残影效果。执行"效果"→"时间"→"残影"菜单命令,在"效果控制台"面板中,设置"残影"特效的"残影数量"为12,"衰减"为0.70,如图4-43所示。

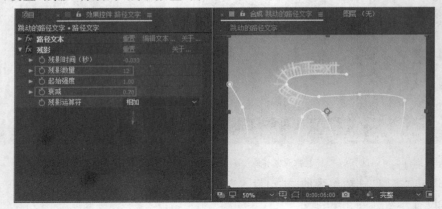

图4-43 残影参数及文字效果

技术点睛

"残影"特效可以将不同时间的多个图像组合起来同时播放,产生重复效果,该特效只对运动的素材起作用。其参数功能如下:

"残影时间(秒)":设置两个混合图像之间的时间间隔,负值将会产生一种拖尾效果,单位为秒。

"残影数量":设置重复产生的数量。

"起始强度":设置开始帧的强度。

"衰减":设置图像重复的衰退情况。

"残影运算符":设置图像重复的混合模式。

14.制作文字投影效果。执行"效果"→"透视"→"投影"菜单命令,设置"柔和度"为15.0,投影参数和效果如图4-44所示。

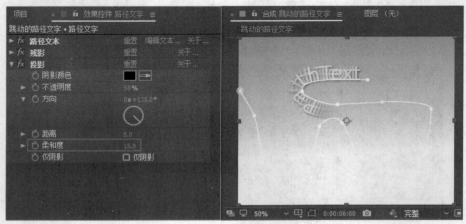

图4-44 投影参数和效果

15.制作文字彩色浮雕效果。执行"效果"→"风格化"→"彩色浮雕"菜单命令,设置"起伏"为1.50,"对比度"为169,如图4-45所示。至此,文字的动画效果完成。

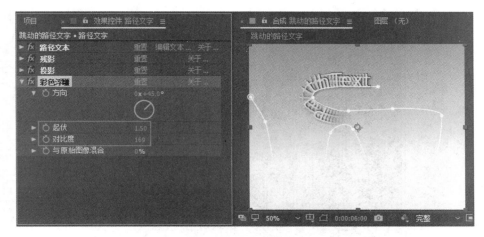

图 4-45 彩色浮雕参数及效果

16.渲染输出。执行"图像合成"→"添加到渲染队列"菜单命令,或按"Ctrl＋M"组合键,打开"渲染队列"窗口,单击 渲染 按钮,输出视频。

4.6 实战训练3:签名动画

本例主要讲解利用描边特效制作签名动画效果。通过本例的学习,掌握描边特效的使用方法。签名动画效果如图 4-46 所示。

图 4-46 签名动画效果

操作步骤:

1.新建合成。打开 After Effects CC 软件,执行"合成"→"新建合成"菜单命令,打开"合成设置"对话框,设置合成参数,如图 4-47 所示。

实战训练 3
签名动画

2.导入素材。按"Ctrl＋I"组合键,打开"导入文件"对话框,导入"签名背景"和"签名"素材文件,并将其拖到"时间轴"面板中。选中"签名背景"图层,按"Ctrl＋Alt＋F"组合键,使素材层适合合成窗口。

3.选中"签名"图层,按"S"键,打开缩放属性,设置"缩放"为(155.0,155.0)％。

4.新建一个纯色层。执行"图层"→"新建"→"纯色层"菜单命令,或者按"Ctrl＋Y"组合键,创建一个纯色层,设置该纯色层的大小与合成一致,大小为 720×576,颜色为白色。单击纯色层左侧的眼睛图标 ◉ ,将其隐藏。

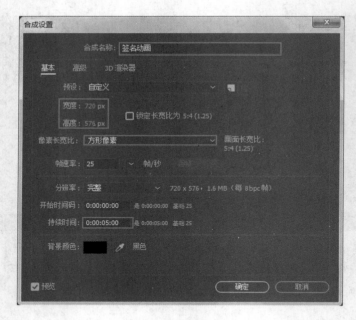

图 4-47　合成参数(3)

5.选择新建的纯色层,单击工具栏中的"钢笔工具"按钮![钢笔],在合成窗口中,沿着签名绘制蒙版,绘制完成后,单击"签名"图层左侧的眼睛图标![眼睛],将签名的图层隐藏,效果如图 4-48 所示。

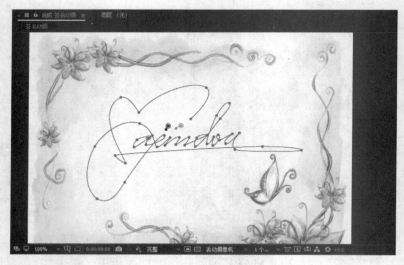

图 4-48　绘制蒙版

6.为白色纯色层添加一个"描边"特效。选择白色纯色层,单击纯色层左侧的眼睛图标![眼睛],取消其隐藏。然后,执行"效果"→"生成"→"描边"菜单命令,"路径"选择"蒙版 1",设置"颜色"为 RGB(179,114,93),"画笔大小"为 4.0,"绘画样式"为"在透明背景上",参数设置和效果如图 4-49 所示。

图 4-49　设置描边参数及效果

技术点睛

描边特效可以沿指定的路径或蒙版产生描绘边缘，以模拟手绘过程。其参数功能如下：

"路径"：选择当前图像中的某个蒙版，用来描绘边缘。

"所有蒙版"：勾选该复选框，将描绘当前图像中的所有蒙版。

"颜色"：设置描绘边线的颜色。

"画笔大小"：设置笔触的粗细。

"画笔硬度"：设置画笔边缘的硬度，值越大，边缘硬度也越大。

"不透明度"：设置画笔笔触不透明程度。

"起始"：设置描绘边缘的起始位置，该项可以设置动画产生绘画过程。

"结束"：设置描绘边缘的结束位置。

"间距"：设置笔触间的间隔距离。

"绘画样式"：设置笔触描绘的对象，包括三种。在原始图像上，此项表示笔触直接在源图像上进行描绘；在透明背景上，此项表示笔触在黑色前景上进行描绘；显示原始图像，此项与在原始图像上相反。

7.制作描边动画效果。确保时间指示器处于 0:00:00:00 帧的位置，激活"结束"左侧的 按钮，添加一个关键帧，并设置其数值为 0.0%；拖动时间指示器到 0:00:04:00 帧的位置，设置其数值为 100.0%，完成第一笔画的签名效果。0:00:02:00 帧的效果如图 4-50 所示。

8.再为纯色层添加描边特效。执行"效果"→"生成"→"描边"菜单命令，路径选择"蒙版 2"，"绘画样式"为"在原始图像上"，参数设置和效果如图 4-51 所示。

图 4-50　0:00:02:00 帧处的效果

图 4-51　设置描边参数及效果

9.制作描边动画效果。确保时间指示器处于 0:00:04:03 帧的位置,激活"结束"左侧的 按钮,添加一个关键帧,并设置其数值为 0.0%;拖动时间指示器到 0:00:04:07 帧的位置,设置其数值为 100.0%,完成第二笔画的签名效果。

10.用同样的方法完成第三笔画的签名效果,至此,签名动画制作完成。

11.编辑完成后,执行"文件"→"保存"菜单命令,保存文件。

12.渲染输出。执行"图像合成"→"添加到渲染队列"菜单命令,或按"Ctrl＋M"组合键,打开"渲染队列"窗口,单击 渲染 按钮,输出视频。

4.7　实战训练 4：手写字动画

本例主要讲解利用"写入"特效制作手写字动画效果。通过本例的学习，掌握"写入"特效的使用方法。手写字动画效果如图 4-52 所示。

实战训练 4
手写字动画

图 4-52　手写字动画效果

操作步骤：

1. 新建合成。打开 After Effects CC 软件，执行"合成"→"新建合成"菜单命令，打开"合成设置"对话框，设置图像合成参数，如图 4-53 所示。

2. 导入素材。按"Ctrl＋I"组合键，打开"导入文件"对话框，导入素材"法.psd"文件，并将其拖到"时间轴"面板中，此时，合成窗口如图 4-54 所示。

图 4-53　合成参数(4)

图 4-54　合成窗口效果

3. 复制图层。这个"法"字可以分三笔书写，所以选择"法"图层，按"Ctrl＋D"组合键两次，将其复制两层，如图 4-55 所示。

4. 绘制蒙版。单击第 2 层、第 3 层左侧的 👁 按钮，将第 2 层和第 3 层隐藏。选择第 1 层，单击工具栏中的"钢笔工具"按钮 ✐，为"法"图层绘制蒙版，将左侧的笔画分离出来，如图 4-56 所示。

图 4-55　复制图层

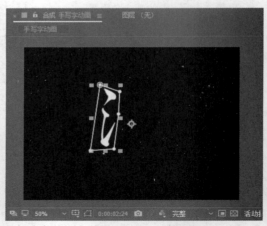

图 4-56　为法字第 1 层绘制蒙版

5.用同样的方法为第 2 层和第 3 层绘制蒙版,将第二、三笔画分离出来,如图 4-57 所示。

图 4-57　为法字第 2 层和第 3 层绘制蒙版

6.制作写入动画。选择第 1 层,单击"效果"→"生成"→"写入"菜单命令,设置"画笔位置"为(251.0,142.0),"颜色"为红色,"画笔大小"为 24.0,参数和效果如图 4-58 所示。

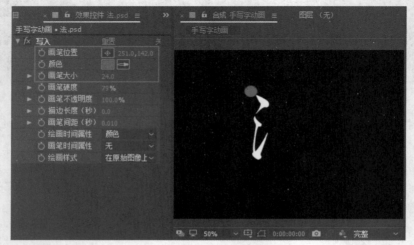

图 4-58　特效参数及效果

技术点晴

"写入"特效是用画笔在一层中绘画,模拟笔迹和绘制的过程,它一般与表达式合用,能表现精彩的图案效果。各参数功能如下:

"画笔位置":用来设置画笔的位置。通过在不同时间修改关键帧位置,可以制作出书写动画效果;

"颜色":用来设置画笔的绘画颜色。

"画笔大小":用来设置笔触的粗细。

"画笔硬度":用来设置画笔笔触的柔化程度。

"画笔不透明度":用来设置画笔绘制时的透明度。

"描边长度(秒)":用来设置画笔绘制的速度。

"画笔间距(秒)":用来设置画笔笔触间的间距大小。

"绘画时间属性":设置绘画时的属性。包括在绘制时是否将颜色、不透明度等应用到每个关键帧或整个动画中。

"画笔时间属性":设置画笔的属性。包括在绘制时是否将大小、硬度等应用到每个关键帧或整个动画中。

"绘画样式":设置书写的样式。各种样式的作用如下。

"在原始图像上":选择此选项,画笔将在原始图像上绘画。

"在透明背景下":选择此选项,画笔将在透明背景上绘画。

"显示原始图像":选择此选项,画笔绘画的效果不显示,只显示原始图像。

7. 确保时间指示器处于 0:00:00:00 帧的位置,激活"画笔位置"左侧的 按钮,添加一个关键帧。然后根据笔画效果多次调整时间,设置不同的画笔位置直到将第一笔画写完,系统会自动产生关键帧,如图 4-59 所示。完成第一笔画,大约需要 23 帧的时间。

图 4-59　第一笔画关键帧设置及效果

8. 在"效果控制台"面板中修改"写入"特效的参数,在"绘画样式"右侧的下拉列表中选择"显示原始图像",如图 4-60 所示。

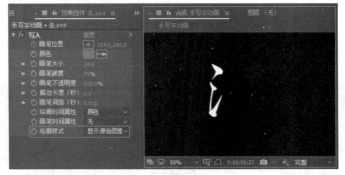

图 4-60　修改写入参数及效果

9.显示并选择第 2 层,拖动时间指示器到 0:00:00:23 帧的位置,按"["键,为第 2 层设置入点,如图 4-61 所示。

图 4-61 显示第 2 层并设置入点

10.执行"效果"→"生成"→"写入"菜单命令,按第 6、7、8 步的方法完成第二笔画的书写,大约需要 5 帧的时间。

11.显示并选择第 3 层,拖动时间指示器到 0:00:01:04 帧的位置,按"["键,为第 3 层设置入点,如图 4-62 所示。

图 4-62 显示第 3 层并设置入点

12.执行"效果"→"生成"→"写入"菜单命令,按第 6、7、8 步的方法完成第三笔画的书写,大约需要 1 秒 13 帧的时间。

13.至此,完成手写字的制作。执行"文件"→"保存"菜单命令,保存文件。

14.渲染输出。执行"图像合成"→"添加到渲染队列"菜单命令,或按"Ctrl＋M"组合键,打开"渲染队列"窗口,单击 渲染 按钮,输出视频。

4.8　实战训练 5:粒子文字动画

本例通过一个粒子文字动画来讲解"粒子运动场"特效的使用方法。通过本例的学习,掌握"粒子运动场"特效的创建和编辑方法、多图层的合并方法。粒子文字动画效果如图 4-63 所示。

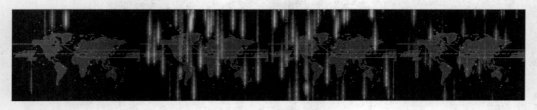

图 4-63 粒子文字动画效果

操作步骤：

1. 新建合成。打开 After Effects CC 软件，执行"合成"→"新建合成"菜单命令，打开
"合成设置"对话框，设置合成参数，如图 4-64 所示。

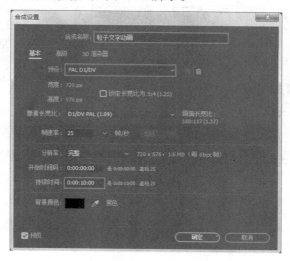

图 4-64 合成参数（5）

2. 添加"粒子运动场"特效。按"Ctrl＋Y"组合键，建立一个纯色层，命名为"粒子"，其
大小与合成大小一致。执行"效果"→"模拟"→"粒子运动场"菜单命令，在粒子纯色层上
添加"粒子运动场"特效，如图 4-65 所示。

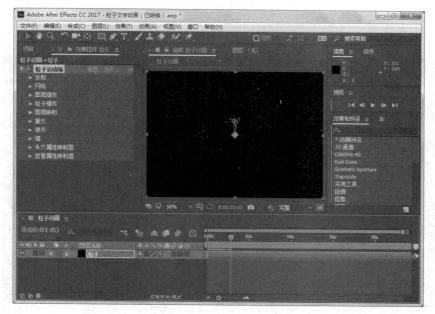

图 4-65 添加"粒子运动场"特效

3. 编辑发射文字。在"效果控制台"面板中，单击 选项... 按钮，打开"粒子运动场"对

话框。单击 [编辑发射文字...] 按钮,在打开的"编辑发射文字"对话框中输入数字"123456789",选择合适的字体,以随机的方式出现,如图 4-66 所示。

图 4-66 编辑发射文字

4. 设置粒子的发射和重力参数。设置"位置"为(360.0,-360.0),可以将粒子的发射点移到画面以外,合成窗口的正上方;"圆筒半径"为 360.00,可以使粒子的分布充满整个屏幕;"每秒粒子数"为 10.00,表示每秒发射的粒子数量为 10;"方向"为 0x+180.0°,可以使粒子发射的方向朝下;"随机扩散方向"为 0.00,可以使粒子垂直下落,而不发生偏移;"速率"为 100.00,代表粒子的初始速度为 100.00;"随机扩散速率"为 50.00,可以使粒子下落时快慢结合,因而更生动;"颜色"为 RGB(242,211,0);"字体大小"为 20.00,表示粒子的半径大小为 20.00。设置粒子的"重力"选项中的"力"为 80.00,表示减小粒子下落的重力,使粒子下落得更慢些;"方向"为 0x+180.0°,表示重力的方向是默认向下的,如图 4-67 所示。

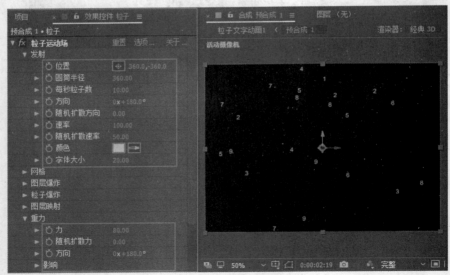

图 4-67 粒子运动场参数及效果

技术点睛

"粒子运动场"特效主要用于模拟现实世界中物体间的相互作用,例如喷泉、雪花等效果。其参数功能如下:

"位置":设定粒子发射点的位置。

"圆筒半径":设置发射柱体半径尺寸。

"每秒粒子数":设定每秒产生粒子的数量。

"方向":控制粒子发射的角度。

"随机扩散方向":控制粒子随机偏离发射方向的偏离量。

"速率":设定粒子发射的初始速度。

"随机扩散速率":控制粒子速度的随机量。

"颜色":设定粒子或者文字的颜色。

"字体大小":设定粒子文字的尺寸大小。

"力":设置重力的大小。

"随机扩散力":指定重力影响力的随机范围值。当值为 0 时,所有粒子都以相同的速率下落;当值较大时,粒子以不同的速率下落。

"方向":设置重力的方向。默认值为 0x+180.0°,重力向下。

"影响":指定哪些粒子受选项的影响。

5.设置粒子文字的层次和大小。调整完粒子系统的参数后,预览一下效果,发现开始一段时间粒子的数量不够多。故在第 1 秒处,按"Alt+["组合键,将前面的部分剪切掉,并在第 0 帧处对齐图层的入点。如图 4-68 所示。

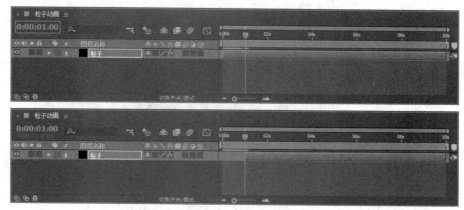

图 4-68　时间轴编辑前后的效果

6.打开粒子图层的三维开关，按"Ctrl+D"组合键复制一层,调整一下新复制出的图层"粒子 2"的空间位置,设置其数值为(360.0,288.0,-254.0)。并适当调整"粒子运动场"特效的参数,设置"每秒粒子数"为 5.00,使粒子的发射数量少一些;"速率"为 150.00,使发射速度稍快些;"颜色"为 RGB(203,0,0),如图 4-69 所示。

图 4-69 调整复制出的图层"粒子 2"和粒子运动场的参数

7.选择"粒子 2"图层,按"Ctrl＋D"组合键复制,调整一下新复制出的图层"粒子 3"的空间位置,设置其数值为(360.0,288.0,－508.0)。并适当调整其"粒子运动场"特效的参数,设置"速率"为 361.00,使发射速度更快些;"颜色"为 RGB(0,166,27),如图 4-70所示。

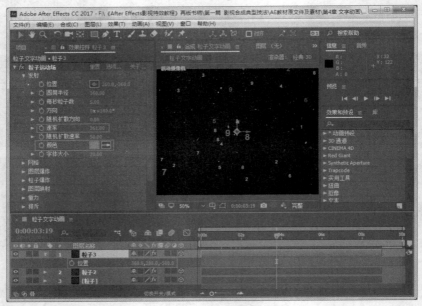

图 4-70 调整复制出的图层"粒子 3"和粒子运动场的参数

8.合并图层。框选三个图层,按"Ctrl＋Shift＋C"组合键,打开"预合成"对话框,选择"移动全部属性到新建合成中"选项,不勾选"打开新建合成组"复选框,单击"确定"按钮,在"时间轴"面板中生成一个新的"[预合成 1]"图层,如图 4-71 所示。

图 4-71　"时间轴"面板效果

9. 制作粒子文字拖尾效果。选中"[预合成 1]"图层,执行"效果"→"时间"→"残影"菜单命令,设置"残影时间(秒)"为－0.100,"残影数量"为 5,"衰减"为 0.76,如图 4-72 所示。

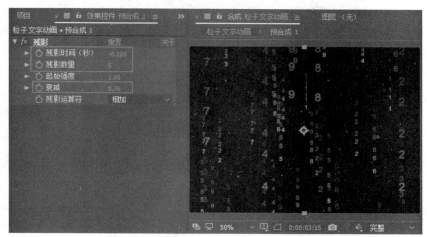

图 4-72　拖尾参数及效果

10. 添加模糊效果增强粒子文字的拖尾效果。选中"[预合成 1]"图层,按"Ctrl＋D"组合键复制出一个新图层,并命名为"模糊"。为了不影响观察图层的效果,单击"[预合成 1]"图层最前面的眼睛图标，隐藏该图层,如图 4-73 所示。

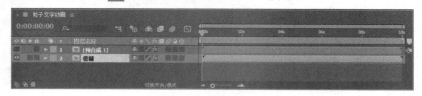

图 4-73　隐藏图层

11. 选中"模糊"图层,执行"效果"→"模糊和锐化"→"方向模糊"菜单命令,设置"模糊长度"为 55.0,如图 4-74 所示。

12. 添加发光特效。选中"模糊"图层,执行"效果"→"风格化"→"发光"菜单命令,设置"发光阈值"为 9.4%,"发光半径"为 22.0,"发光强度"为 1.3,"发光颜色"为"A 和 B 颜色",颜色 A 为 RGB(222,255,0),颜色 B 为 RGB(255,114,0)。打开"[预合成 1]"图层的显示开关,恢复其显示,如图 4-75 所示。

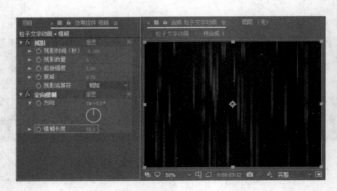

图 4-74　模糊参数及效果

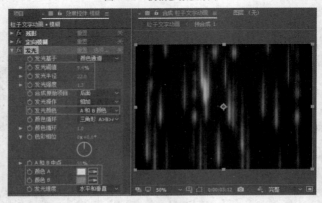

图 4-75　发光参数与效果

技术点睛

"发光"特效经常用于图像中的文字和带有 Alpha 通道的图像,可以产生发光或光晕的效果。其参数功能如下:

"发光基于":选择发光作用通道,可以选择 Alpha 通道或颜色通道。

"发光阈值":控制发光产生的百分比。值越低,产生的发光越多;值越高,产生的发光越少。

"发光半径":控制发光从图像的明亮区域向外延伸的半径大小。

"发光强度":设置发光的发光强度,影响发光的亮度。

"合成原始项目":设置原始素材图像的合成方式。

"发光操作":设置辉光的发光模式,类似图层模式的选择。

"发光颜色":可设置发光的颜色包括"原始颜色"、"A 和 B 颜色"和"任意贴图"。

"颜色循环"下拉列表:设置辉光颜色的循环方式。

"颜色循环"数值框:设置辉光颜色循环的数值。

"色彩相位":设置辉光的颜色相位。

"A 和 B 中点":设置辉光颜色 A 和 B 的中点百分比。

"颜色 A":设置颜色 A。

"颜色 B":设置颜色 B。

"发光维度":设置辉光方向,有"水平和垂直"、"水平"和"垂直"三种方式。

13.为了产生更加真实的拖尾效果,把"模糊"图层往后移动 1 帧,这样就产生了真正的拖尾效果。

14. 添加背景图片。双击"项目"面板,导入素材图片"背景.jpg"。将其拖入粒子文字合成层,置于底层,最终效果如图 4-76 所示。

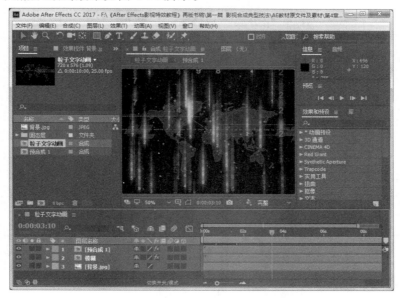

图 4-76　添加背景后的效果

15. 执行"文件"→"保存"菜单命令,保存文件。

16. 渲染输出,执行"合成"→"添加到渲染队列"菜单命令,或按"Ctrl＋M"组合键,打开"渲染队列"窗口,设置渲染参数,单击 渲染 按钮,输出视频。

4.9　本章小结

本章详细讲解了文字及文字动画,其中包括文字工具、文字图层、文字特效及文字属性等相关知识,并通过多个文字动画实例全面解析文字动画的制作方法和技巧。

4.10　习　题

一、填空题

1. 在 After Effects CC 软件中可以采用_____、_____和_____创建文字。

2. 在"基本文字"特效中输入的中文变成乱码是因为_____或_____。

3. 创建纯色层的快捷键为_____。

4. After Effects CC 软件中同时能有_____工程项目处于开启状态。

二、不定项选择题

1. 对于在 After Effects CC 软件里创建文字,下列描述正确的是(　　)。

A. 可以通过两种方法创建文字——使用文字工具和文字特效

B. 文字工具既可以创建横排文字也可以创建直排文字

C. 只可以通过文字工具来创建文字特效

D. 只可以通过文字特效来创建文字，没有文字工具

2. 产生文字的字符内容动画，下列哪些方法可以实现？（　　）

A. 激活来源文字的关键帧"时间变化秒表"，并修改字符内容

B. 添加字符偏移属性动画

C. 添加字符值属性动画

D. 添加跟踪属性动画

3. 可以在下列哪些窗口中设置图层的入点和出点？（　　）

A. 素材窗口　　　　　B."图层"窗口　　　　C. 合成窗口　　　　　D."时间轴"面板

4. 下面的哪种特效不属于 After Effects CC 的文字特效？（　　）

A. 基本文字　　　　　B. 编码　　　　　　　C. 路径文字　　　　　D. 域文字

5. 相对于 Adobe Photoshop，下面的模糊方式中，哪个是 After Effects CC 的模糊方式所特有的？（　　）

A. 通道模糊　　　　　B. 方向模糊　　　　　C. 高斯模糊　　　　　D. 径向模糊

第5章 校色应用

● 本章教学目标

1. 了解色彩调整的应用；(重点)
2. 学习各种颜色校正的含义及使用方法；(重点)
3. 掌握利用颜色校正美化图像的技巧；(难点)
4. 掌握颜色校正动画的制作方法。(难点)

颜色作为一种反映客观世界的符号,不仅向人们传达着某种信息和情绪,而且可以用于隐喻某种观念,不同的色彩让人产生不同的联想。正因为不同的色彩具有不同的含义及作用,所以颜色校正在 After Effects CC 中显得十分重要。

颜色校正主要是通过对图像的明暗、对比度、饱和度及色相的调整,来达到改善图像质量的目的,以更好地控制影片的色彩信息,制作出理想的视频画面效果。

5.1 色彩调整的应用方法

要使用颜色校正特效进行图像处理,首先要学习色彩调整的使用方法。应用颜色校正的操作方法如下:

1. 在"时间轴"面板中选择要应用色彩调整特效的图层;
2. 执行"效果"→"颜色校正"菜单命令,展开"颜色校正"特效组,然后选择其中的某个特效命令;
3. 打开"效果控制台"面板,修改特效的相关参数。

5.2 "颜色校正"特效组

在图像处理过程中经常需要进行图像颜色调整工作,如调整图像的色彩、色调、明暗度、对比度等。在 After Effects CC 中提供了 33 个色彩调整命令,选择相应的命令,即可对其进行应用。

1. "自动颜色"特效

"自动颜色"特效可以自动地处理图像的色彩,图像值如果和色彩的值相近,图像应用该特效后变化效果较小。该特效的参数设置及应用前后效果如图 5-1 所示。

"瞬时平滑(秒)":用来设置时间滤波的时间秒数。

"场景检测":选中其复选框,将进行场景检测。

图 5-1　"自动颜色"特效的参数设置及应用前后效果

"修剪黑色"：修剪阴影部分的图像，可以加深阴影。

"修剪白色"：修剪高光部分的图像，可以提高高光部分的亮度。

"对齐中性中间调"：选中其复选框，将对中间色调进行吸附设置。

"与原始图像混合"：将调整后的效果图像与原始素材图像混合。

2. "自动对比度"特效

"自动对比度"特效将对图像的自动对比度进行调整，如果图像值和自动对比度的值相近，图像应用该特效后变化效果小。该特效的参数设置及应用前后效果如图 5-2 所示。

图 5-2　"自动对比度"特效的参数设置及应用前后效果

3. "自动色阶"特效

"自动色阶"特效对图像进行自动色阶的调整，如果图像值和自动色阶的值相近，图像应用该特效后变化效果较小。该特效的参数设置及应用前后效果如图 5-3 所示。

图 5-3　"自动色阶"特效的参数设置及应用前后效果

4. "黑色和白色"特效

"黑色和白色"特效主要用来处理各种黑白图像，创建各种风格的黑白效果，且可编辑性很强。它还可以通过简单的色调应用，将彩色图像或灰度图像处理成单色图像，如图 5-4 所示。

图 5-4　"黑色和白色"特效的参数设置及应用前后效果

5."亮度和对比度"特效

"亮度和对比度"特效是对图像的亮度和对比度进行调节。该特效的参数设置及应用前后效果如图 5-5 所示。

图 5-5 "亮度和对比度"特效的参数设置及应用前后效果

"亮度":用来调整图像的亮度。正值亮度提高,负值亮度降低。

"对比度":用来调整图像色彩的对比程度。正值加强色彩对比,负值减弱色彩对比度。

"使用旧版(支持 HDR)":用来设置是否使用旧版(支持 HDR)。

6."广播颜色"特效

"广播颜色"特效主要对影片像素的颜色值进行测试,因为电脑与电视的播放色调有很大的差别,电视设备仅能表现某个幅度以下的信号,使用该特效就可以测试影片的亮度和饱和度是否在某个幅度以下的信号安全范围内,以免发生不理想的电视画面效果。该特效的参数设置及应用前后效果如图 5-6 所示。

图 5-6 "广播颜色"特效的参数设置及应用前后效果

"广播区域设置":可以在右侧的下拉菜单中选择广播的制式,有 NTSC 制和 PAL 制两种。

"确保颜色安全的":从右侧的下拉菜单中,可以选择一种获得安全色彩的方式。"降低明亮度"选项可以减小图像像素的明亮度;"降低色饱和度"选项可以减小图像像素的饱和度,以降低图像的彩色度。

"最大信号振幅(IRE)":设置信号的安全范围,超出的将被改变。

7."CC Color Offset(CC 色彩偏移)"特效

"CC Color Offset(CC 色彩偏移)"特效主要是对图的红色、绿色、蓝色相位进行调节。该特效的参数设置及应用前后效果如图 5-7 所示。

图 5-7 "CC Color Offset(CC 色彩偏移)"特效的参数设置及应用前后效果

"Red/Green/Blue Phase(红色/绿色/蓝色相位)"：用来调节图像的红色/绿色/蓝色相位的位置。

"Overflow(溢出)"：用来设置溢出方式，可选择 Wrap(包围)、Solarize(曝光过度)或 Polarize(偏振)。

8. "CC Toner(CC 调色)"特效

"CC Toner(CC 调色)"特效通过对图像的高光颜色、中间色调和阴影颜色的调节来改变图像的颜色。该特效的参数设置及应用前后效果如图 5-8 所示。

图 5-8 "CC Toner（CC 调色）"特效的参数设置及应用前后效果

"Tones(色调)"：用来设置使用的色调模式。包括以下选项：

"Duotone(双色调)"：此模式使用高亮和阴影两种颜色调整图像。

"Tritone(三色调)"：此模式使用高亮、中间调和阴影三种颜色调整图像。

"Pentone(五色调)"：此模式使用高亮、亮部、中间调、暗部和阴影五种颜色调整图像。

"Solid(单色)"：此模式只使用中间调颜色调整图像。

"Brights(亮部)"：利用色块或吸管来设置图像的亮部颜色。

"Darktones(暗部)"：利用色块或吸管来设置图像的暗部颜色。

"Highlights(高亮)"：利用色块或吸管来设置图像的高光颜色。

"Midtones(中间调)"：利用色块或吸管来设置图像的中间色调。

"Shadows(阴影)"：利用色块或吸管来设置图像的阴影颜色。

"Blend w. Original(与原始图像混合)"：用来调整与原图的混合。

9. "更改颜色"特效

"更改颜色"特效是通过"要更改的颜色"右侧的色块或吸管来设置图像中的某种颜色，然后通过亮度、色调、饱和度等对图像进行颜色的改变。该特效的参数设置及应用前后效果如图 5-9 所示。

图 5-9 "更改颜色"特效的参数设置及应用前后效果

"视图"：用于观察合成窗口的颜色效果。

"色相变换/亮度变换/饱和度变换"：分别调整色相、亮度、饱和度的变换。

"要更改的颜色"：设置要改变的颜色。

"匹配容差"：用来设置颜色的差值范围。

"匹配柔和度"：用来设置颜色的柔和度。

"匹配颜色"：用来设置匹配颜色。

"反转颜色校正"：选中该复选框可以反转当前改变的颜色值区域。

10."更改为颜色"特效

"更改为颜色"特效是通过颜色的选择将一种颜色改变为另一种颜色，用法与"更改颜色"特效相似。该特效的参数设置及应用前后效果如图 5-10 所示。

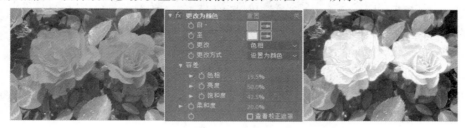

图 5-10　"更改为颜色"特效的参数设置及应用前后效果

"自"：利用色块或吸管来设置需要被替换的颜色。

"至"：利用色块或吸管来设置需要替换成的颜色。

"更改"：从右侧的下拉菜单中选择替换颜色的基准。

"更改方式"：设置颜色的替换方式。

"容差"：用来设置由"自"更改为"至"颜色允许的色彩的差异范围。

"色相"：用来设置由"自"更改为"至"颜色允许的色相的差异范围。

"亮度"：用来设置由"自"更改为"至"颜色允许的亮度的差异范围。

"饱和度"：用来设置由"自"更改为"至"颜色允许的饱和度的差异范围。

"柔和度"：用来设置替换颜色后的柔和程度。

"查看校正遮罩"：选中该复选框，可将替换后的颜色变为遮罩形式。

11."通道混合器"特效

"通道混合器"特效是通过修改一个或多个通道的颜色值来调整图像的色彩。该特效的参数设置及应用前后效果如图 5-11 所示。

图 5-11　"通道混合器"特效的参数设置及应用前后效果

"红色-红色、红色-绿色……"：表示图像 RGB 模式，分别调整红色、绿色、蓝色三个通道，表示在某个通道中其他颜色所占的比率，其他类推。

"红色-恒量、绿色-恒量……"：设置一个常量，确定几个通道的原始数值，添加到前面颜色的通道中,最终效果就是其他通道计算的结果和。

"单色":选中该复选框,图像将变成灰色。

12."颜色平衡"特效

"颜色平衡"特效是调整图像暗部、中间色调和高光的颜色强度来调整素材的颜色平衡。该特效的参数设置及应用前后效果如图 5-12 所示。

图 5-12　"颜色平衡"特效的参数设置及应用前后效果

"阴影红色平衡/阴影绿色平衡/阴影蓝色平衡":这几个选项主要用来调整图像暗部的 RGB 颜色平衡。

"中间调红色平衡/中间调绿色平衡/中间调蓝色平衡":这几个选项主要用来调整图像中间色调的 RGB 颜色平衡。

"高光红色平衡/高光绿色平衡/高光蓝色平衡":这几个选项主要用来调整图像中高光区的 RGB 颜色平衡。

"保持发光度":选中该复选框,保持图像整体亮度值不变。

13."颜色平衡(HLS)"特效

"颜色平衡(HLS)"特效与"颜色平衡"特效很相似,不同的是该特效不是调整图像的 RGB 而是 HLS,即调整图像的色相、亮度和饱和度各项参数,以改变图像的颜色。该特效的参数设置及应用前后效果如图 5-13 所示。

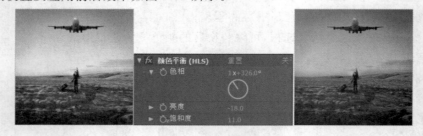

图 5-13　"颜色平衡(HLS)"特效的参数设置及应用前后效果

"色相":调整图像的色调。

"亮度":调整图像的明亮程度。

"饱和度":调整图像的色彩浓度。

14."颜色链接"特效

"颜色链接"特效将当前图像的颜色信息覆盖在当前图层上,以改变当前图像的颜色,通过不透明度的修改,可以使图像有透过玻璃看画面的效果。该特效的参数设置及应用前后效果如图 5-14 所示。

"源图层":在右侧的下拉菜单中,可以选择需要调整颜色的图层。

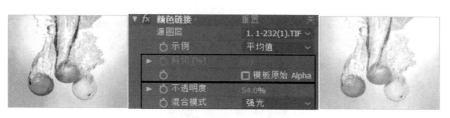

图 5-14 "颜色链接"特效的参数设置及应用前后效果

"示例"：从右侧的下拉菜单中，可以选择一种默认的样品来调节颜色。

"剪切（％）"：设置示例选项调节颜色的程度。当"示例"选项设置为"平均值"、"中间值"、"Alpha 平均值"或"Alpha 中间值"时，该选项不可用。

"模板原始 Alpha"：用来设置是否使用模板原始 Alpha。

"不透明度"：设置所调整颜色的不透明度。

"混合模式"：设置图像改变的颜色与原图像的混合模式。

15."颜色稳定器"特效

"颜色稳定器"特效通过选择不同的稳定方式，然后在指定点通过区域添加关键帧对色彩进行设置。该特效的参数设置及应用前后效果如图 5-15 所示。

图 5-15 "颜色稳定器"特效的参数设置及应用前后效果

"稳定"：在右侧的下拉菜单中，可以选择稳定的方式。

"黑场"：设置一个保持不变的暗点。

"中点"：在亮点和暗点中间设置一个保持不变的中间色调。

"白场"：设置一个保持不变的亮点。

"样本大小"：设置所采样区域的大小。

16."色光"特效

"色光"特效可以将色彩以自身为基准按色环颜色变化的方式周期变化，产生梦幻彩色光的填充效果。该特效的参数设置及应用前后效果如图 5-16 所示。

"输入相位"：该选项有很多其他的选项，应用比较简单，主要是对彩色光的相位进行调整。

"输出循环"：通过"使用预设调板"可以选择预设的多种色样来更改色彩。

"修改"：可以从右侧的下拉菜单中选择修改色环中的某个颜色或多个颜色，以控制彩色光的颜色信息。

"像素选区"：通过"匹配颜色"来指定彩色光影响的颜色。

"蒙版"：可以指定一个用于控制彩色光的蒙版层。

"与原始图像混合"：设置修改图像与原图像的混合程度。

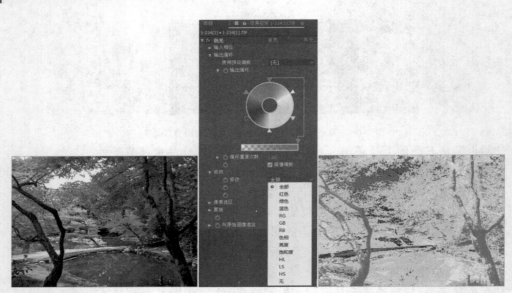

图 5-16 "色光"特效的参数设置及应用前后效果

17. "曲线"特效

"曲线"特效可以通过调整曲线的弯曲度或复杂度,来调整图像的亮区和暗区的分布情况。该特效的参数设置及应用前后效果如图 5-17 所示。

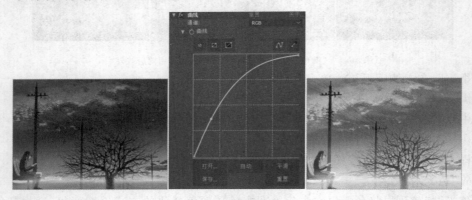

图 5-17 "曲线"特效的参数设置及应用前后效果

"通道":从右侧的下拉菜单中指定调整图像的颜色通道。

"曲线工具":可以在其下方的控制区线条上单击添加控制点,手动添加控制点可以改变图像的亮区和暗区的分布,将控制点拖出区域范围之外,可以删除控制点。

"铅笔工具":可以在下方的控制区内单击拖动,绘制一条曲线来控制图像的亮区和暗区分布效果。

"平滑":单击该按钮,可以对设置的曲线进行平滑操作,多次单击,可以多次对曲线进行平滑。

"重置":单击该按钮,可以将调整的曲线恢复为初始的直线效果。

18. "色调均化"特效

"色调均化"特效可以通过 RGB、亮度或 Photoshop 样式三种方式对图像进行色彩补偿,使图像色阶平均化。该特效的参数设置及应用前后效果如图 5-18 所示。

图 5-18 "色调均化"特效的参数设置及应用前后效果

"色调均化":用来设置用于均衡的方式。

"色调均化量":用来设置用于均衡的百分比总量。

19."曝光度"特效

"曝光度"特效用来调整图像的曝光程度,可以通过通道的选择来设置图像曝光的通道。该特效的参数设置及应用前后效果如图 5-19 所示。

图 5-19 "曝光度"特效的参数设置及应用前后效果

"通道":从右侧的下拉菜单中选择要曝光的通道。

"主":用来调整整个图像的色彩。"曝光度"用来调整图像曝光程度;"偏移"用来调整曝光的偏移程度;"灰度系数校正"用来调整图像伽马值范围。

"红色/绿色/蓝色":分别用来调整图像中红色、绿色、蓝色通道值,其中的参数与"主"选项组中的相同。

"不使用线性光转换":用来设置是否使用线性光转换。

20."灰度系数/基值/增益"特效

"灰度系数/基值/增益"特效可以对图像的各个通道值进行控制,以细致地改变图像的效果。该特效的参数设置及应用前后效果如图 5-20 所示。

图 5-20 "灰度系数/基值/增益"特效的参数设置及应用前后效果

"黑色伸缩":控制图像中的黑色像素。

"红色/绿色/蓝色灰色系数":控制颜色通道曲线形状。

"红色/绿色/蓝色基值":设置通道中最小输出值,主要控制图像的暗区部分。

"红色/绿色/蓝色增益":设置通道中最大输出值,主要控制图像的亮区部分。

21."色相/饱和度"特效

"色相/饱和度"特效可以控制图像的色彩和色彩的饱和度,还可以将多彩的图像调整成单色画面效果,做成单色图像。该特效的参数设置及应用前后效果如图5-21所示。

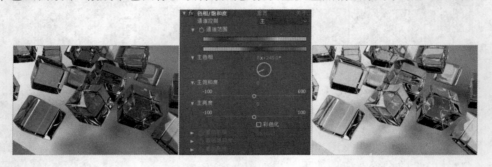

图 5-21 "色相/饱和度"特效的参数设置及应用前后效果

"通道控制":控制图像中的黑色像素。

"通道范围":通过下方的颜色预览区,可以看到颜色调整的范围。

"主色相":调整图像颜色的色调。

"主饱和度":调整图像颜色的浓度。

"主亮度":调整图像颜色的亮度。

"彩色化":选中该复选框,可以为灰度图像增加色彩,也可以将多彩的图像转换成单一的图像效果。

"着色色相":调整着色后图像颜色的色调。

"着色饱和度":调整着色后图像颜色的浓度。

"着色亮度":调整着色后图像颜色的亮度。

22."保留颜色"特效

"保留颜色"特效可以通过设置颜色来指定图像中保留的颜色,将其他的颜色转换为灰度效果。该特效的参数设置及应用前后效果如图5-22所示。

图 5-22 "保留颜色"特效的参数设置及应用前后效果

"脱色量":控制保留颜色以外颜色的脱色百分比。

"要保留的颜色":通过右侧的色块或吸管来设置图像中需要保留的颜色。

"容差":调整颜色的容差程度。

"边缘柔和度":调整保留颜色边缘的柔和程度。

"匹配颜色":设置匹配颜色模式。

23."色阶"特效

"色阶"特效将亮度、对比度和伽马等功能结合在一起,对图像进行明度、阴暗层次和中间色彩的调整。该特效的参数设置及应用前后效果如图 5-23 所示。

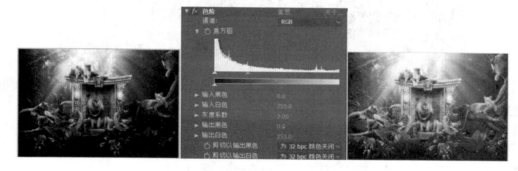

图 5-23 "色阶"特效的参数设置及应用前后效果

"通道":用来选择要调整的通道。

"直方图":显示图像中像素的分布情况。

"输入黑色":指定输入图像暗区值的阈值数,输入的数值将应用到图像的暗区。

"输入白色":指定输入图像亮区值的阈值数,输入的数值将应用到图像的亮区。

"灰度系数":设置中间色调,相当于直方图中灰色滑块。

"输出黑色":设置输出暗区的范围。

"输出白色":设置输出亮区的范围。

"剪切以输出黑色":用来修剪暗区输出。

"剪切以输出白色":用来修剪亮区输出。

24."色阶(单独控件)"特效

"色阶(单独控件)"特效可以将图像调整成照片级别,使其看上去更加逼真。该特效的参数设置及应用前后效果如图 5-24 所示。

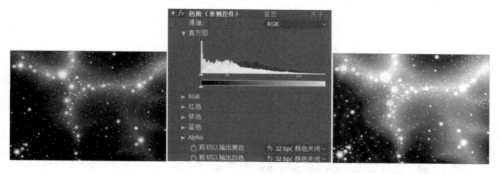

图 5-24 "色阶(单独控件)"特效的参数设置及应用前后效果

25."照片滤镜"特效

"照片滤镜"特效与"色阶"特效应用方法相同,只是在控制图像的亮度、对比度和伽马值时,对图像的通道进行单独控制,细化了控制的效果。该特效的参数设置及应用前后效果如图 5-25 所示。

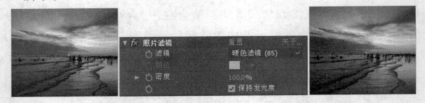

图 5-25 "照片滤镜"特效的参数设置及应用前后效果

"滤镜":可以在右侧的下拉菜单中选择一种用于过滤的预设,也可以选择自定义来设置过滤颜色。

"颜色":当滤镜中选择自定义时,该项才可以用,用来设置一种过滤的颜色。

"密度":用来设置过滤器与图像的混合程度。

"保持发光度":选中该复选框,在应用过滤器时,将保持图像的亮度不变。

26. "PS 任意映射"特效

"PS 任意映射"特效应用在 Photoshop 的映像设置文件上,通过相位的调整来改变图像效果。该特效的参数设置及应用前后效果如图 5-26 所示。

图 5-26 "PS 任意映射"特效的参数设置及应用前后效果

"相位":可用来调整颜色的相位位置。

"应用相位映射到 Alpha":选中该复选框,将相位图应用到图像的通道上。

27. "阴影/高光"特效

"阴影/高光"特效用于对图像中的阴影和高光部分进行调整。该特效的参数设置及应用前后效果如图 5-27 所示。

图 5-27 "阴影/高光"特效的参数设置及应用前后效果

"自动数量":选中该复选框,对图像进行自动阴影和高光的调整。

"阴影数量":用来调整图像的阴影数量。

"高光数量":用来调整图像的高光数量。

"瞬时平滑（秒）"：用来设置时间滤波的秒数。

"场景检测"：选中该复选框，将进行场景检测。

"更多选项"：可以通过展开参数对阴影和高光的数量、范围、宽度、色彩进行更细致的修改。

"与原始图像混合"：用来调整与原图的混合。

28."色调"特效

"色调"特效可以通过指定的颜色对图像进行颜色映射处理。该特效的参数设置及应用前后效果如图 5-28 所示。

图 5-28　"色调"特效的参数设置及应用前后效果

"将黑色映射到"：用来设置图像中黑色和灰色颜色映射的颜色。

"将白色映射到"：用来设置图像中白色映射的颜色。

"着色数量"：用来设置色调映射的百分比程度。

"交换颜色"：单击该按钮可以交换"将黑色映射到"和"将白色映射到"的颜色。

29."三色调"特效

"三色调"特效与 CC 调色的应用方法相同。该特效的参数设置及应用前后效果如图 5-29 所示。

图 5-29　"三色调"特效的参数设置及应用前后效果

"高光"：利用色块或吸管来设置图像的高光颜色。

"中间调"：利用色块或吸管来设置图像的中间色调。

"阴影"：利用色块或吸管来设置图像的阴影颜色。

"与原始图像混合"：用来调整与原图的混合。

30."自然饱和度"特效

"自然饱和度"特效在调节图像饱和度的时候会保护已经饱和的像素，即在调整时会大幅增加不饱和像素的饱和度，而对已经饱和像素只做很少、很细微的调整，这样不但能够增加图像某一部分的色彩，而且还能使图像饱和度正常。该特效的参数设置及应用前后效果如图 5-30 所示。

图 5-30　"自然饱和度"特效的参数设置及应用前后效果

5.3　实战训练 1:故事片风格调色

本例以故事片风格调色为例讲解局部调色的技巧。通过学习,使学生掌握故事片风格调色的方法与技巧;色阶、通道混合、曲线等校色特效的使用方法与技巧。故事片风格调色效果预览如图 5-31 所示。

图 5-31　故事片风格调色效果预览

操作步骤:

1.新建合成。打开 After Effects CC 软件,执行"合成"→"新建合成"菜单命令,打开"合成设置"对话框,设置参数如图 5-32 所示。

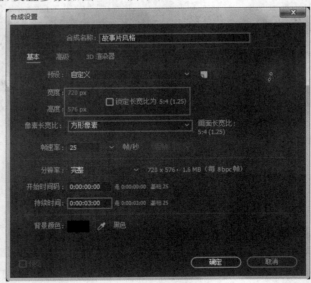

图 5-32　合成参数(1)

2.导入素材。按"Ctrl＋I"组合键,打开"导入文件"对话框,导入素材"人物.jpg"文件,并将其拖到"时间轴"面板中。

3.选择人物图层,按"S"键,打开缩放属性,设置"缩放"为(60.0,60.0)％,效果如图 5-33
所示。

图 5-33 调整图像缩放属性

4.添加"色阶"特效。这幅画面调色的关键是要处理好人的肤色与环境的关系。观察
图像,人的面部色彩相对偏暗,而面部主要集中为红色。因此需要将红色通道提亮一些,
同时需要微调一下面部的色彩。选择"原图"图层,执行"效果"→"颜色校正"→"色阶"菜
单命令,在其参数设置中,选择红色通道,设置"红色输入白色"为 185.0;"红色灰度系数"
为 0.96,设置参数及效果如图 5-34 所示。

图 5-34 调整"色阶"特效及效果(1)

5.不能让面部颜色一味偏红,要适当提高绿色通道的灰度系数值。选择绿色通道,设
置"绿色灰度系数"为 1.05,其他参数及效果如图 5-35 所示。

6.添加"通道混合器"特效。为了在调色的过程中不带入杂点,运用通道调整是最合
适的。执行"效果"→"颜色校正"→"通道混合器"菜单命令,现在的画面中间色调有点偏
黄,因此,设置"红色-恒量"为－3;"绿色-恒量"为－2;"蓝色-恒量"为 5,设置参数及效果
如图 5-36 所示。

图 5-35 调整"色阶"特效及效果(2)

图 5-36 设置"通道混合器"特效参数及效果

7.添加"曲线"特效。观察图像,中间色调偏暗。调整图像的中间色调使用"曲线"特效效果最明显。执行"效果"→"颜色校正"→"曲线"菜单命令,在曲线中间位置添加一个锚点,适当提升亮度,如图 5-37 所示。

8.降噪调整。经过上面一连串的色彩调整后,画面的信号有一定的衰减,这是调色后的必然现象,画面中可能会出现一些噪点和颗粒,同时,原图像本身也有噪点和颗粒。执行"效果"→"杂色和颗粒"→"移除颗粒"菜单命令。单击展开"杂色深度减低设置"选项组,设置"模式"为单通道;在"通道杂色深度减低"选项组中设置"红色杂色深度减低"为3.630;"绿色杂色深度减低"为 3.580,设置参数及效果如图 5-38 所示。

9.至此,故事片风格调色完毕,保存文件。

图 5-37　设置"曲线"特效参数及效果

图 5-38　设置"移除颗粒"特效参数及效果

5.4　实战训练 2：旧胶片效果

　　本例讲解了应用旧胶片素材叠加的方法创建旧胶片效果，以及添加羽化蒙版对图层的四周调整亮度。旧胶片效果如图 5-39 所示。

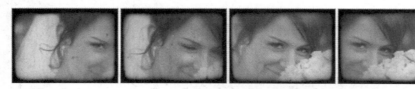

图 5-39　旧胶片效果

操作步骤：

1. 新建合成。打开 After Effects CC 软件，执行"合成"→"新建合成"菜单命令，打开"合成设置"对话框，设置合成参数如图 5-40 所示。

图 5-40　合成参数(2)

2. 导入素材。按"Ctrl＋I"组合键，打开"导入文件"对话框，导入素材"Bride Footage. mov""Real_8mm_Film. mov"文件。

3. 将素材"Bride Footage. mov""Real_8mm_Film. mov"文件从"项目"面板拖放到"时间轴"面板中，如图 5-41 所示。

图 5-41　导入素材并拖到"时间轴"面板中

4. 设置图层的混合模式。选择"Real_8mm_Film. mov"图层，设置图层模式为"相乘"，如图 5-42 所示，这样就很好地和下面的新娘素材融合起来。

图 5-42　设置层模式为相乘

5.创建调整图层。由于我们想调整两个图层的色调,所以在两个图层上面创建一个调整图层。执行"图层"→"新建"→"调整图层"菜单命令,在两个图层上面创建一个调整图层,如图 5-43 所示。

图 5-43　创建调整图层

技术点睛

调整图层主要辅助场景影片进行色彩和特效的调整,创建调整图层后,直接在调整图层上应用特效,可以对调整图层下方的所有图层同时产生该特效,这样就避免了不同图层应用相同特效时一个个单独设置的烦琐。

6.添加"色相/饱和度"特效。选择调整图层,单击"效果"→"颜色校正"→"色相/饱和度"菜单命令,设置参数及效果如图 5-44 所示。这样,就让整个画面变成单色调。

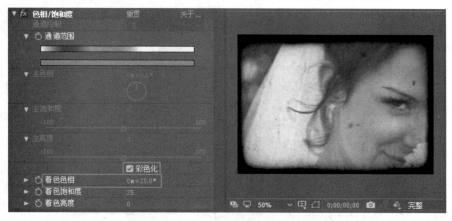

图 5-44　"色相/饱和度"特效的设置参数及效果

7.制作中间清晰四周模糊的效果。选择"Bride Footage.mov"图层,按"Ctrl＋D"组合键,复制一层。为了调整方便,把上方两层隐藏,如图 5-45 所示。

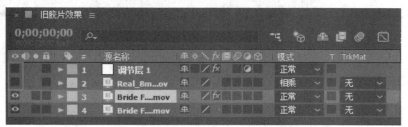

图 5-45　复制并隐藏图层

8. 添加蒙版。选择上面的"Bride Footage. mov"图层（第 3 层），双击工具栏中的"椭圆工具"按钮 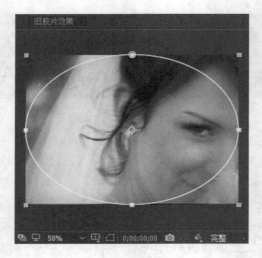，在合成窗口中创建蒙版，如图 5-46 所示。

图 5-46 添加椭圆形蒙版

9. 添加"快速模糊"效果。执行"效果"→"模糊和锐化"→"快速模糊"菜单命令，设置"模糊度"为 50.0，如图 5-47 所示。此时的效果正好和想要的效果相反。

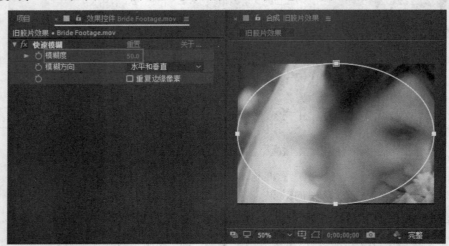

图 5-47 设置模糊效果

10. 调整蒙版属性。选择上面的"Bride Footage. mov"图层（第 3 层），按两次"M"键，展开蒙版属性，设置"蒙版羽化"为（145.0,145.0）像素，"蒙版扩展"为−35.0 像素，如图 5-48 所示。

11. 显示上面的两个图层，至此旧胶片效果制作完成。

12. 保存并渲染输出。执行"图像合成"→"添加到渲染队列"菜单命令，或按"Ctrl＋M"组合键，打开"渲染队列"窗口，单击 渲染 按钮，输出视频。

图 5-48　蒙版的属性设置及效果

5.5　实战训练 3:水墨画效果

本例通过水墨画效果的制作,学习应用"查找边缘"特效勾勒边缘,应用"色阶"和"高斯模糊"特效消除图像细节,通过色调和图层混合获得水墨画效果。水墨画效果预览如图 5-49 所示。

操作步骤:

实战训练 3
水墨画效果

图 5-49　水墨画效果预览

1. 新建合成。打开 After Effects CC 软件,执行"合成"→"新建合成"菜单命令,打开"合成设置"对话框,设置参数如图 5-50 所示。

2. 导入素材。按"Ctrl＋I"组合键,打开"导入文件"对话框,导入素材"bright. tif"、"paper. pic"、"tz. pic"和"zi. pic"文件。

3. 将素材"bright. tif"从"项目"面板拖放到"时间轴"面板中。选择"bright. tif"图层,向下调整位置,效果如图 5-51 所示。

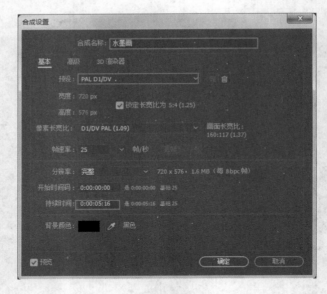

图 5-50 合成参数(3)

图 5-51 调整图片位置

4.添加"色阶"特效。选择"bright.tif"图层,执行"效果"→"颜色校正"→"色阶"菜单命令,给图层添加"色阶"特效,参数和效果如图 5-52 所示。

5.添加"高斯模糊"特效。选中"bright.tif"图层,执行"效果"→"模糊和锐化"→"高斯模糊"菜单命令,设置"模糊度"为 8.7,参数设置和效果如图 5-53 所示。

6.添加"色调"特效,去掉图像色彩。选择"bright.tif"图层,执行"效果"→"颜色校正"→"色调"菜单命令,给图层添加特效,使其变为黑白色,效果如图 5-54 所示。

图 5-52　应用"色阶"特效(1)

图 5-53　应用"高斯模糊"特效(1)

图 5-54　应用"色调"特效(1)

7.复制图层。选择"bright. tif"图层,按"Ctrl＋D"组合键,复制一图层,删除新复制层的所有特效。

8.提取图像边缘。选择复制的"bright. tif"图层,执行"效果"→"风格化"→"查找边缘"菜单命令,为图层添加特效。设置"与原始图像混合"为 0,效果如图 5-55 所示。

图 5-55　应用"查找边缘"特效

技术点睛

"查找边缘"特效可以对图像的边缘进行勾勒,从而使图像产生类似素描或底片效果。其特效参数功能如下:

"反转":将当前的颜色转换成它的补色效果。

"与原始图像混合":设置描边效果与原图像的混合程度,值越大越接近原图。

9.添加"色阶"特效。选择复制的"bright. tif"图层,执行"效果"→"颜色校正"→"色阶"菜单命令,给图层添加"色阶"特效,参数和效果如图 5-56 所示。

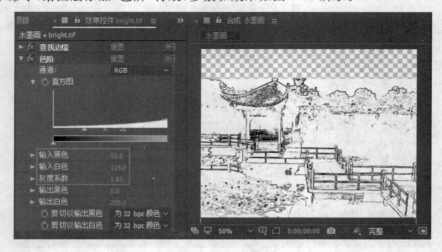

图 5-56　应用"色阶"特效(2)

10.添加"色调"特效,去掉图像色彩。选择复制的"bright.tif"图层,执行"效果"→"颜色校正"→"色调"菜单命令,给图层添加特效,使其变为黑白色,效果如图 5-57 所示

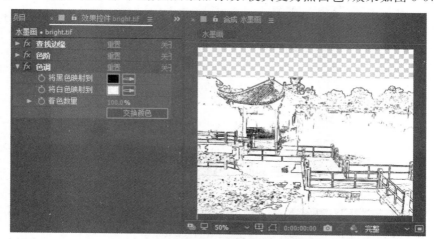

图 5-57　应用"色调"特效(2)

11.设置图层的混合模式。选择原始的"bright.tif"图层,设置图层模式为"柔光",效果如图 5-58 所示,这样就很好地和下面的素材融合起来。

图 5-58　设置图层模式为"柔光"

12.为了调节整体画面效果,添加蒙版。框选这两个图层,按"Ctrl＋Shift＋C"组合键,或者执行"图层"→"预合成"菜单命令,打开"预合成"对话框,单击"确定"按钮,在"时间轴"面板中产生了一个合成层"预合成 1",如图 5-59 所示。

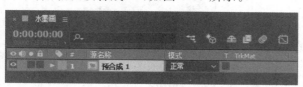

图 5-59　设置预合成

13.绘制蒙版。选择"预合成 1"图层,单击工具栏中的"钢笔工具"按钮，,在合成窗口中画一个蒙版,效果如图 5-60 所示。

14.调整蒙版属性。选择 "预合成 1"图层,按两次"M"键,展开蒙版属性,设置"蒙版羽化"为(46.0,46.0)像素,"蒙版扩展"为 18.0 像素,勾选"反转",效果如图 5-61 所示。

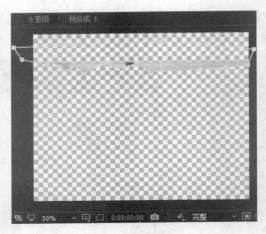

图 5-60　绘制蒙版

图 5-61　调整蒙版属性

15. 将素材"bright. tif"从"项目"面板拖放到"时间轴"面板中。选择"bright. tif"图层,向下调整位置,效果如图 5-62 所示。

图 5-62　调整图片位置

16. 添加"色阶"特效。选择"bright.tif"图层，执行"效果"→"颜色校正"→"色阶"菜单命令，给图层添加特效，参数和效果如图 5-63 所示。

图 5-63　应用"色阶"特效(3)

17. 添加"高斯模糊"特效。选中"bright.tif"图层，执行"效果"→"模糊和锐化"→"高斯模糊"菜单命令，设置模糊度为 8.7，参数设置和效果如图 5-64 所示。

图 5-64　应用"高斯模糊"特效(2)

18. 设置图层的混合模式。选择"bright.tif"图层，设置图层模式为"颜色减淡"，效果如图 5-65 所示，这样就很好地和下面的素材融合起来。

图 5-65　设置图层模式为"颜色减淡"

19. 按上述方法绘制蒙版,并设置相同的蒙版属性,效果如图 5-66 所示。

图 5-66　蒙版属性及效果

20. 为水墨画添加宣纸衬底。把素材"paper. pic"从"项目"面板拖放到"时间轴"面板中,放在最上层。设置图层模式为"颜色加深",效果如图 5-67 所示。

图 5-67　添加宣纸衬底

21. 为水墨画题词和落款。把素材"tz. pic"和"zi. pic"拖到"时间轴"面板中,并放在其他图层的最上面,如图 5-68 所示。

22. 调整题词和落款的大小与位置。调整素材的位置和大小直到满意为止,效果如图 5-69 所示。

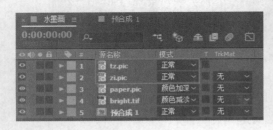

图 5-68　图层排列位置　　　　　　　　图 5-69　题词和落款的大小与位置

23. 至此,水墨画效果制作完成。执行"文件"→"保存"菜单命令,保存文件。

5.6　实战训练 4:Color Finesse 调色

Color Finesse 调色插件的调色功能强大、全面,集成了整体调色和局部调色的功能。

本例通过人物图像调色,学习 Color Finesse 调色插件界面的基本使用方法及 Color Finesse 插件调色的技巧和方法。人物图像调色效果预览如图 5-70 所示。

图 5-70　人物图像调色效果预览

操作步骤:

1.新建合成。打开 After Effects CC 软件,执行"合成"→"新建合成"菜单命令,打开 "合成设置"对话框,设置参数如图 5-71 所示。

2.导入素材。按"Ctrl＋I"组合键,打开"导入文件"对话框,导入素材"人物.jpg" 文件。

3.调整素材大小。将素材"人物.jpg"从"项目"面板拖放到"时间轴"面板中。选择 "人物.jpg"图层,按"S"键,打开缩放属性,设置"缩放"为(24.0,24.0)％,效果如图 5-72 所示。

图 5-71　合成参数(4)

图 5-72　调整图像缩放属性

4.添加 Color Finesse 特效。在正确安装了该插件后,可以在"效果"菜单中找到该插件。选择"人物.jpg"图层,执行"效果"→"Synthetic Aperture"→"SA Color Finesse 3"菜单命令,给图层添加特效,如图 5-73 所示。

图 5-73　应用 SA Color Finesse 3 插件

技术点睛

　　Color Finesse 调色插件的调色功能强大、全面,集成了整体调色和局部调色的功能。其特效参数功能如下:
　　"Parameters(参数)":控制 Color Finesse 特效的参数组。
　　"Full Inerface(完整界面)":Color Finesse 特效有一个独立完整的界面,单击该按钮,可以打开完整界面。
　　"Load Preset(加载预置)":该项可以加载以前保存的调色参数。
　　"Reset(重置)":将所有的调色参数恢复至初始状态。
　　"关于":有关软件的一些描述。
　　"Simplified Interface(简单操作界面)":展开该项,提供了 HSL、Hue Offeset(色调偏移)、RGB、Curves(曲线)、Limiter(限幅)等基本操作。

　　5.进入 Color Finesse 操作界面。在"效果控制台"面板上单击"Full Interface(完整界面)"按钮 **Full Interface**,进入 Color Finesse 操作界面,如图 5-74 所示。

图 5-74　Color Finesse 操作界面

6.提高画面亮度。勾选 HSL 调色模式,进入"Controls(控制)"→"Master(主体)",设置"RGB Gain(RGB 增益)"为 1.14。增大这个数值可以提高画面亮度的贡献值,从而提高整个画面的亮度,但是暗部亮度保持不变。如图 5-75 所示。

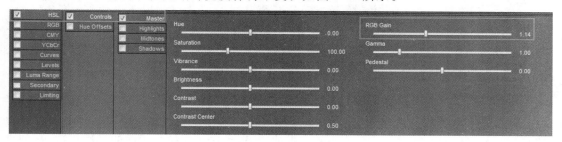

图 5-75　提高画面亮度

7.我们需要把天空和主体人物偏向蓝色一点。可以通过调整"Luma Range(亮度范围)"中手柄并配合"Luma Range(亮度范围)"显示模式,很直观地找出画面中处于亮部的天空和主体人物,调整效果如图 5-76 所示。

图 5-76　Luma Ranges 调整

8.调整色调偏移。进入 HSL 模式下的"Hue Offsets(色调偏移)"选项中,设置 Highlights(亮部)色相位到蓝青色方向,设置 Midtones(中间色调)到黄绿色方向,调整效果如图 5-77 所示。

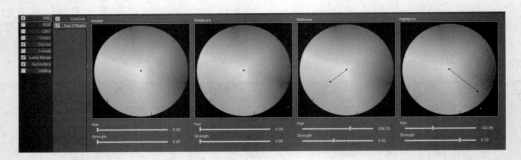

图 5-77　调整色调偏移

9.调整画面亮度层次。进入"Curves(曲线)"调节模块,调节第一条"Master(主体)"曲线,效果如图 5-78 所示。这是典型的 S 形曲线,这种曲线能拉大画面的亮度层次,亮的部分更亮,暗的部分更暗。

图 5-78　整体画面亮度层次

10.调整红色通道。现在的画面有些发红,我们可以选择"Curves"的"Red(红色)"曲线,将它的暗部的亮度级别调低一点,曲线控制如图 5-79 所示。

11.调整蓝色通道。为了让远处的山和蓝天颜色接近,需要将画面的亮部往蓝色偏移。选择"Curves"的"Blue(蓝色)"通道,先在直线上平均取三个点,然手将它的亮部的控制点往上提一点,适当提高画面中亮部蓝色的值,曲线控制如图 5-80 所示。效果如图 5-81所示。

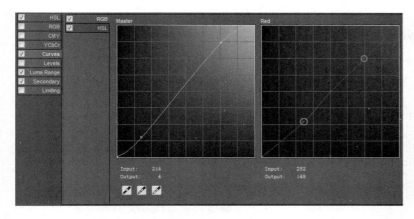

图 5-79　调整红色通道

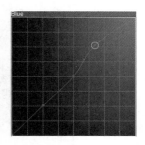

图 5-80　调整蓝色通道

12. 调整绿色通道。经过调节之后,需要将画面中间色的绿色进行调节,将绿色通道的中间色调降低一点,让画面的中单色调回归青绿色,曲线控制如图 5-82 所示。最终效果如图 5-83 所示。

图 5-81　调整蓝色通道后的效果

图 5-82　调整绿色通道图

13. 至此,已经完成了画面整体颜色的调整。下面进行二次调色,对人物的皮肤颜色进行调节。

14. 二次调色。选择"Secondary(二次调色)",进入控制面板。激活 A 组,用上面的 3 个吸管分别吸取人物的手臂和脸部,如图 5-84 所示。

15. 精确选区。将面板中的"Preview Style"模式选择为"Alpha",在显示窗口中,白色部分显示的是刚才用 3 个吸管吸取的皮肤的选择范围。显然这个选择区域不够精确。将"Luma Tolerance(色度容差)"的阈值调大,来尽可能地使选区更加准确,并调整"Softness(柔化)"数值,适当对选区边缘进行羽化,效果如图 5-85 所示。

图 5-83 调整绿色通道后的效果

图 5-84 二次调色

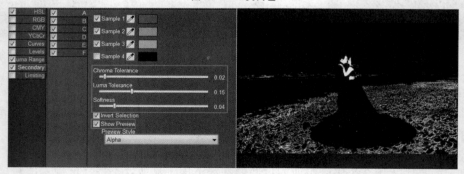

图 5-85 精确选区

16.调整亮度和对比度。当完成精确调整之后,取消预览显示模式,回到最终效果显示窗口,对比图像来调整选区的亮度和对比度。提高"Gamma"的数值为1.38,这等于提高选区的中间色调亮度。减小"Gain"的数值为0.86,适当降低高亮部分的亮度,让整个人的肤色反差不是那么大。参数设置和效果如图 5-86 所示。至此,画面的调色已经完成了。

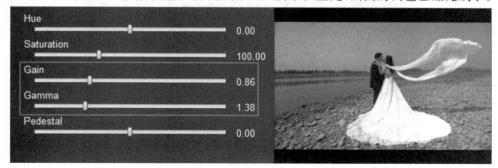

图 5-86　调整亮度和对比度

17.添加天空背景。执行"图层"→"新建"→"调整图层"菜单命令,创建一个调整图层。单击工具栏中的"钢笔工具"按钮,在合成窗口中画一个蒙版,设置"蒙版羽化"为(250.0,250.0)像素,参数及效果如图 5-87 所示。

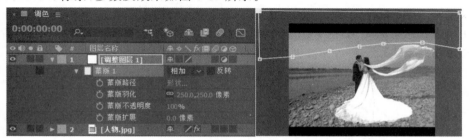

图 5-87　绘制蒙版并设置属性

18.添加"色调"特效。选择调整图层,执行"效果"→"颜色校正"→"色调"菜单命令,给图层添加特效。"将白色映射到"的色彩设置为 RGB(27,197,253),效果如图 5-88 所示。

图 5-88　应用"色调"特效(3)

19.图像降噪。需要对所有图层降噪。执行"图层"→"新建"→"调整图层"菜单命令,创建一个调整图层。选择调整图层,执行"效果"→"杂色和颗粒"→"移除颗粒"菜单命令,给图层添加特效,参数和效果如图 5-89 所示。

图 5-89　应用"移除颗粒"特效

20. 至此,Color Finesse 效果制作完成。执行"文件"→"保存"菜单命令,保存文件。

5.7　本章小结

本章对 After Effects CC 中颜色校正的所有特效命令进行了详细的讲解,并重点讲解了几个校正色彩的实例,使影片的色调、饱和度和亮度等信息更加理想化,让读者在掌握理论的同时掌握颜色校正及美化的处理技巧。

5.8　习　题

一、填空题

1. 颜色校正中的_____特效,用于调整图像中单个颜色分量的主色调、主饱和度和主亮度。

2. 颜色校正中的_____特效,用于删除图像中除指定颜色以外的其他颜色。

3. 颜色校正中的_____特效,用于修改图像的高亮、暗部及中间色调。

4. 颜色校正中的_____特效,可参根据周围的环境改变素材的颜色,以达到整体平衡。

二、不定项选择题

1. 下列颜色校正命令中,(　　)不能用于调整图像画面的明暗灰度。

A. 曝光度　　　　　　B. 曲线　　　　　　　　C. 自动色阶　　　　　　D. 色阶

2. 下列颜色校正命令中,(　　)用于为图像模拟在照相机上添加彩色滤镜后的效果。

A. 颜色平衡　　　　　B. 照片滤镜　　　　　　C. PS 任意映射　　　　D. 色调

3. 下列颜色校正命令中,(　　)用于将图像中的一种颜色替换为新指定的颜色。

A. 更改为颜色　　　　B. 颜色链接　　　　　　C. 更改颜色　　　　　　D. 保留颜色

4. 关于调整图层,下面说法正确的是(　　)。

A. 它对合成中所有的图层都产生影响

B. 它对"时间轴"面板中位于它上面的图层产生影响

C. 它对"时间轴"面板中位于它下面的图层产生影响

D. 仅仅对纯色层可以做调整图层

5. 以下哪些效果为 After Effects CC 可以实现的自动调色效果?(　　　)

A. 自动颜色　　　　　B. 自动色阶　　　　　　C. 自动曲线　　　　　　D. 自动对比度

第6章　抠像应用

● **本章教学目标**

1. 掌握抠像的原理；（重点）
2. 掌握抠像的功能及应用方法；（重点）
3. 掌握素材抠像在动画合成中的应用技巧。（难点）

6.1　抠像的概念

"抠像"一词是从电视制作中得来的，英文称作"Key"，意思是吸取画面中的某一种颜色作为透明色，画面中包含的这种透明色将被清除，从而使位于该画面之下的画面显现出来，这样就形成了两层画面叠加的效果，这就是抠像。采用这样的方式，单独拍摄的角色经抠像后可以与各种景物叠加在一起，由此形成丰富而神奇的艺术效果。

6.2　抠像的原理

在《阿凡达》《泰坦尼克号》《少年派的奇幻漂流》等电影中有很多虚拟和现实结合的奇幻画面，征服了无数的观众，这些画面的形成，正是运用了抠像技术。

在使用实拍素材合成时，由于素材自身不带 Alpha 通道，所以在与其他素材结合时会遇到麻烦。解决方法是在前期拍摄时，让角色在蓝色或绿色的背景前表演，然后将获取的素材采集到电脑，导入后期合成软件（如 After Effects）中，生成一个保留前景、背景透明的 Alpha 通道，然后与其他实拍素材或 CG 图像素材进行合成，实现各种令人惊叹的画面效果，如图 6-1 所示。

图 6-1　抠像应用举例

从原理上讲，只要背景所用的颜色在前景画面中不存在，用任何颜色做背景都可以。但实际上，最常用的是蓝色或绿色背景。因为在人体的自然颜色中不包含这两种色彩，同时这两种颜色又是 RGB 系统中的原色，在抠像操作中比较容易去除干净。

6.3　抠像特效组

抠像可以从"效果"菜单或"效果和预设"面板中选择添加。

1. CC Simple Wire Removal(CC 简单金属丝移除)

该特效利用一根线将图像分割,在线的部位产生模糊效果,其参数面板如图 6-2 所示。

图 6-2　"CC Simple Wire Removal(CC 简单金属丝移除)"参数面板

"Point A":点 A,设置控制点 A 在图像中的位置。

"Point B":点 B,设置控制点 B 在图像中的位置。

"Removal Style":移除风格,设置钢丝的样式,包括衰减、帧偏移、置换和水平置换。

"Thickness":厚度,设置钢丝的厚度。

"Slope":倾斜,设置钢丝的倾斜角度。

"Mirror Blend":镜像混合,设置线与源图像的混合程度。值越大越模糊,值越小越清晰。

"Frame Offset":帧偏移,当移除风格设置为帧偏移时,此项才可用。

2. 颜色键

该特效指定一种颜色后,系统会将图像中所有与其近似颜色的像素键出,使其透明。"颜色键"是一种比较基础的抠像特效,适用于抠像的背景比较纯净、颜色比较均匀的画面,如图 6-3 所示。

图 6-3　"颜色键"举例

其参数面板如图 6-4 所示。

"主色":设置需要透明的颜色,可以单击色块■■设置颜色,也可以单击右侧的"吸管工具"按钮➡,在素材上单击吸取颜色,以确定透明色。

"颜色容差":设置键出色彩的容差范围。该值越大,所包含的颜色范围越大。

图 6-4 "颜色键"参数面板

"薄化边缘"：对键出区域边缘进行调整。正值为扩大透明区域，负值为缩小透明区域。

"羽化边缘"：设置键出区域边缘的羽化程度。

技术点睛

"颜色键"特效使用经验分享：

• 如果背景区域的颜色不均匀，则应尽量吸取颜色较浅的区域，避免因容差过大而导致图像中的保留区域也被键出。

• 颜色容差值越大，被键出的区域越多，同时也会减少画面中的微小细节。因此应该配合薄化边缘和羽化边缘参数进行调节，以达到最佳的抠像边缘效果和最多的细节保留。

3. 亮度键

该特效能够键出与指定明度相似的区域，使其透明。"亮度键"是一个很特殊的抠像方式，主要依靠亮度的区别来去除背景，适用于对比度比较强烈的图像，如图 6-5 所示。

图 6-5 "亮度键"举例

其参数面板如图 6-6 所示。

图 6-6 "亮度键"参数面板

"键控类型"：用于指定亮度键的类型，共有四种。"抠出较亮区域"会使比指定亮度值亮的像素透明；"抠出较暗区域"会使比指定亮度值暗的像素透明；"抠出亮度相似的区域"会使亮度值容差范围内的像素透明；"抠出亮度不同的区域"会使亮度值容差范围外的像素透明。

"阈值"：指定键出的亮度值。

"容差"：指定键出亮度的容差大小。

"薄化边缘"：键出边缘的控制。正值为扩大透明区域，负值为缩小透明区域。

"羽化边缘"：控制键出区域边缘的羽化值。

4. 差值遮罩

该特效通过将差值图层与特效图层进行颜色对比，将相同颜色区域键出，制作出透明效果。在实际拍摄时，可以让演员在背景前表演，表演完成后再对背景单独拍摄，只需一帧即可，将其作为差值图层。这样在后期合成时，运用"差值遮罩"特效，可准确地将背景键出，如图 6-7 所示。

图 6-7 "差值遮罩"举例

其参数面板如图 6-8 所示。

图 6-8 "差值遮罩"参数面板

"视图"：设置在合成窗口中显示的图像视图，有"最终输出"、"仅限源"和"仅限遮罩"三种。

"差值图层"：指定与特效图层进行比较的差值图层。

"如果图层大小不同"：如果差值图层与特效图层大小不同，则可以选择"居中"或"伸缩以适合"。

"匹配容差"：设置颜色匹配范围的大小。该值越大，包含的颜色信息越多。

"匹配柔和度"：设置颜色匹配的柔化程度。

"差值前模糊"：可以在对比前将两个图像进行模糊处理，从而清除合成图像中的杂点。

5. 内部/外部键

该特效需要为抠像的对象绘制两个蒙版路径，一个定义键出范围的外边缘，一个定义键出范围的内边缘。系统根据、内外蒙版路径进行像素差异比较，完成键出效果。该特效可以对人物头发、动物毛发、绒毛的抠像进行轻松处理，可以将人物的每一根发丝都清晰地表现出来。如图 6-9 所示。

其参数面板如图 6-10 所示。

"前景（内部）"：为特效层指定前景蒙版，即内边缘蒙版，该蒙版定义图像中保留的像素范围。

"其他前景"：为特效层添加更多的前景蒙版。

图 6-9　"内部/外部键"举例

图 6-10　"内部/外部键"参数面板

"背景(外部)"：为特效层指定背景蒙版，即外边缘蒙版，该蒙版定义图像中键出的像素范围。

"其他背景"：为特效层添加更多的背景蒙版。

"单个蒙版高光半径"：当使用一个蒙版时，调整该参数可以扩展蒙版的范围。

"清理前景"：该选项组用指定蒙版来清除前景颜色。

"清理背景"：该选项组用指定蒙版来清除背景颜色。

"薄化边缘"：控制键出区域边界。正值将扩大透明区域，负值将缩小透明区域。

"羽化边缘"：控制键出区域边界的羽化程度。

"边缘阈值"：控制键出区域边缘的阈值。

"反转提取"：选中该复选框，可以反转键出区域。

"与原始图像混合"：设置特效图像与原图像间的混合比例，该值越大，越接近原图。

6. 颜色范围

该特效通过设置一定范围的色彩变化区域来对图像进行抠像。该特效适合对背景包含多个色彩、背景亮度不均匀或包含相同颜色阴影的图像抠像，可以得到很好的效果，如图 6-11 所示。

图 6-11　"颜色范围"举例

其参数面板如图 6-12 所示。

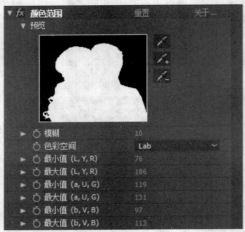

图 6-12　"色彩范围"参数面板

"预览":用来显示抠像的蒙版情况。其右侧的"吸管"，用于从图像中吸取要键出的颜色;"加选吸管"，在图像中单击,可以增加抠像的颜色范围;"减选吸管"，在图像中单击,可以减少抠像的颜色范围。

"模糊":控制边缘的柔化程度。

"色彩空间":设置抠像所使用的色彩空间,包括 Lab、YUV 和 RGB 三种方式。

"最小值/最大值":精确调整色彩空间中颜色开始范围的最小值和颜色结束范围的最大值。

7. 提取

该特效通过指定一个亮度范围来产生透明或通过抽取通道对应的颜色来制作透明效果,如图 6-13 所示。

图 6-13　"提取"举例

其参数面板如图 6-14 所示。

"直方图":显示图像中亮度分布级别以及在每个级别上的像素量。

"通道":设置直方图基于何种通道,包括明亮度、红色、绿色、蓝色和 Alpha 五个选项。

"黑场":设置黑点的范围,小于该值的黑色区域将变透明。

"白场":设置白点的范围,大于该值的白色区域将变透明。

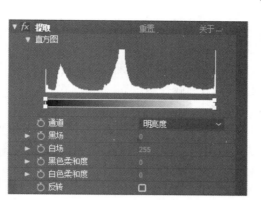

图 6-14　"提取"参数面板

"黑色柔和度"：设置黑色区域的柔化程度。

"白色柔和度"：设置白色区域的柔化程度。

"反转"：选中该复选框，将反转透明区域。

8. 线性颜色键

该特效根据"使用 RGB""使用色相"或"使用色度"信息，与指定的主色进行比较。如果两者颜色相同，则完全透明；如果完全不相同，则不透明；如果两者的颜色相近，则半透明。其产生的透明效果是线性分布的，如图 6-15 所示。

图 6-15　"线性颜色键"举例

其参数面板如图 6-16 所示。

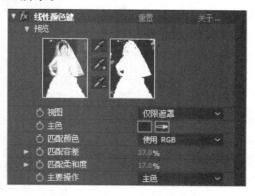

图 6-16　"线性颜色键"参数面板

"预览"：显示素材视图和抠像预览效果图。两图中间的"吸管" ，用于从图像中吸取要键出的颜色;"加选吸管" ![加选吸管图标],在图像中单击,可以增加抠像的颜色范围;"减选吸管" ![减选吸管图标],在图像中单击,可以减少抠像的颜色范围。

"视图":设置在合成窗口中显示的图像视图。"最终输出"显示最终输出效果;"仅限源"显示源素材;"仅限遮罩"显示蒙版视图。

"主色":设置要键出的颜色。

"匹配颜色":指定抠像色的颜色空间。"使用 RGB"是指抠像色以红色、绿色、蓝色为基准;"使用色相"是指基于对象发射或反射的颜色为抠像色,以标准色轮的位置进行计量;"使用色度"是指抠像色基于颜色的色调和饱和度。

"匹配容差":设置匹配颜色的范围大小。该值越大,包含的颜色信息越多。

"匹配柔和度":设置匹配颜色的柔化程度。

"主要操作":设置键操作的方式,包括"主色"和"保持颜色"两种。

9. 颜色差值键

该特效通过吸取两个不同的颜色对图像进行抠像,从而使一个图像具有两个透明区域。"遮罩 A"使指定抠像色之外的其他颜色区域透明;"遮罩 B"使指定的抠像色区域透明;"Alpha 遮罩"是两个遮罩透明区域组合的最终的透明区域。"颜色差值键"特效适合复杂图像的抠像操作,对于透明、半透明物体的键出,以及背景亮度不均匀、有阴影的素材有很好的抠像效果,如图 6-17 所示。

图 6-17 "颜色差值键"举例

其参数面板如图 6-18 所示。

"预览":包括素材视图和蒙版视图两部分。素材视图用于显示源素材画面的缩略图。蒙版视图包括"遮罩 A"预览效果,与下面的"A 部分"参数相对应;"遮罩 B"预览效果,与下面的"B 部分"参数相对应;"Alpha 遮罩"预览效果,与下面的"遮罩"参数相对应。三个预览视图可通过其下面的 A、B、α 三个按钮进行切换。

"吸管" ![吸管图标]:用于从图像中吸取要键出的颜色。

"黑场" ![黑场图标]:用于从图像中吸取透明区域的颜色。

"白场" ![白场图标]:用于从图像中吸取保留区域的颜色。

"视图":设置在合成窗口中显示的内容,可显示遮罩或键出效果。

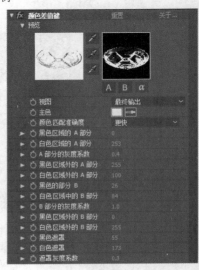

图 6-18 "颜色差值键"参数面板

"主色"：设置键出的颜色。

"颜色匹配准确度"：设置颜色匹配的准确程度。"更快"选项：匹配准确度低，但显示会更快；"更准确"选项：匹配准确度高，但显示会变慢。

"A 部分"：调整遮罩 A 的参数准确度。

"B 部分"：调整遮罩 B 的参数准确度。

"遮罩"：调整 Alpha 遮罩的参数准确度。

10. 溢出抑制

该特效可以清除图像键出处理后残留的键出色痕迹，它的典型用法是清除图像边缘溢出的抠像色，这些溢出常常是由光的反射造成的，其参数面板如图 6-19 所示。

图 6-19　"溢出抑制"参数面板

"要抑制的颜色"：指定溢出的颜色。

"抑制"：设置抑制程度。

11. 高级溢出抑制器

该特效可以去除用于颜色抠像的彩色背景中的前景颜色的溢出，其参数面板如图 6-20 所示。

图 6-20　"高级溢出抑制器"参数面板

"方法"：指定高级溢出控制器使用的方法，有"标准"和"极致"两种。

"抑制"：设置抑制程度。

"极致设置"：当高级溢出控制器使用的方法为"极致"时，此项可用。

12. 抠像清除器

该特效可以恢复通过典型抠像效果抠出的场景中的 Alpha 通道细节，包括恢复因压缩图像而丢失的细节，其参数面板如图 6-21 所示。

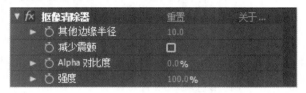

图 6-21　"抠像清除器"参数面板

"其他边缘半径"：设置抠像边缘范围的大小。

"减少震颤"：选中该复选框，可以减少颜色的丢失。

"Alpha 对比度"：设置通过典型抠像效果抠出的场景中的 Alpha 通道的对比度。

"强度"：设置 Alpha 对比度值的大小。

13. Keylight(1.2)

该特效功能极其强大,对于前面所介绍的抠像方法,"Keylight(1.2)"全部可以胜任, 如图 6-22 所示。

图 6-22 "Keylight(1.2)"举例

其参数面板如图 6-23 所示。

图 6-23 "Keylight(1.2)"参数面板

"View":视图,设置不同的图像视图。

"Unpremultiply Result":非预乘结果,设置是否使非预乘结果。

"Screen Colour":屏幕颜色,设置键出色。

"Screen Gain":屏幕增益,设置屏幕颜色的饱和度。

"Screen Balance":屏幕均衡,设置屏幕颜色的色彩平衡。

"Screen Matte":屏幕蒙版,调节图像黑白比例以及图像的柔和程度等。

"Despill Bias":溢出偏差,利用色块或吸管来设置溢出偏差。

"Alpha Bias":Alpha 偏差,利用色块或吸管来设置 Alpha 偏差。

"Lock Biases Together":锁定偏差在一起,设置是否将"溢出偏差"与"Alpha 偏差" 锁定在一起。

"Screen Pre-blur":屏幕预模糊,用来设置图像边缘的柔和程度。

"Inside Mask"：内侧蒙版，对内侧蒙版进行调节。

"Outside Mask"：外侧蒙版，对外侧蒙版进行调节。

"Foreground Colour Correction"：前景色校正，校正特效层的前景色。

"Edge Colour Correction"：边缘色校正，校正特效层的边缘色。

"Source Crops"：源裁剪，设置图像的范围。

6.4　实战训练 1："颜色键"特效应用

本例通过对丝带舞者蓝色背景键出操作，讲解抠像操作实现方法，效果如图 6-24 所示。

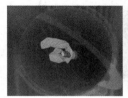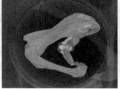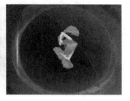

图 6-24　"颜色键"特效应用动画效果

操作步骤：

1. 新建合成。打开 After Effects CC 软件，执行"合成"→"新建合成"菜单命令，打开 "合成设置"对话框，设置参数，如图 6-25 所示。

图 6-25　合成参数(1)

2. 导入素材。按"Ctrl＋I"组合键，打开"导入文件"对话框，将该案例的素材导入"项 目"面板中。在"项目"面板中选择"舞者.avi"素材，将其拖到"时间轴"面板中，如图 6-26 所示。

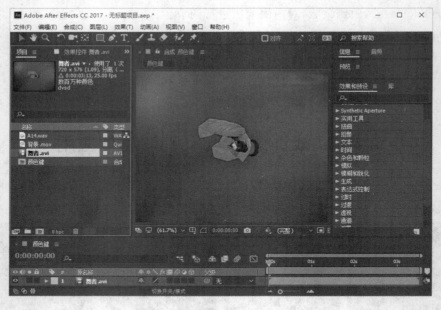

图 6-26　添加素材

3.为素材添加"颜色键"特效。选择"舞者.avi"图层,执行"效果"→"过时"→"颜色键"菜单命令,选择"主色"属性右侧的"吸管"工具 ，在素材层上吸取蓝色,如图 6-27 所示。

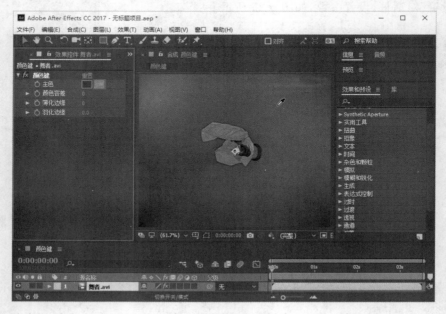

图 6-27　为素材添加"颜色键"特效

4.调整参数,键出蓝色,如图 6-28 所示。

5.清除人物素材边缘的蓝色。执行"效果"→"遮罩"→"简单阻塞工具"菜单命令,并

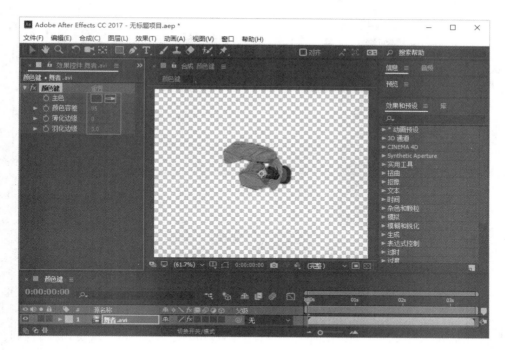

图 6-28　设置"颜色键"参数

设置参数，清除人物边缘的蓝色，如图 6-29 所示。

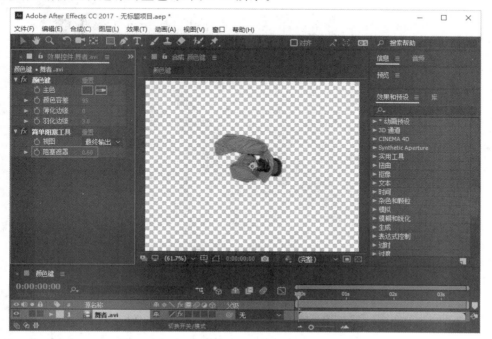

图 6-29　设置"简单阻塞工具"参数

6. 清除人物素材中残留的蓝色。执行"效果"→"过时"→"溢出抑制"菜单命令，并设置参数，清除人物素材中残留的蓝色，如图 6-30 所示。

图 6-30　设置"溢出抑制"参数

7. 添加其他素材。在"项目"面板中选择"背景. mov""A14. wav"素材,将其拖到"时间轴"面板中,如图 6-31 所示。

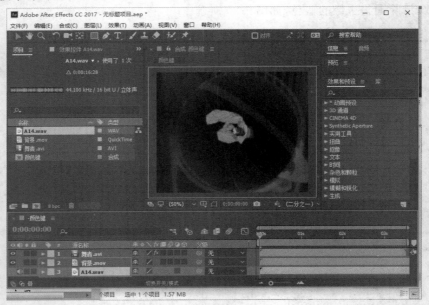

图 6-31　添加其他素材

8. 至此,"颜色键"特效应用动画制作完成,执行"文件"→"保存"菜单命令,保存文件。

9. 渲染输出。执行"合成"→"添加到渲染队列"菜单命令,或按"Ctrl＋M"组合键,打开"渲染队列"窗口,设置渲染参数,单击 渲染 按钮,输出视频。

6.5　实战训练 2："颜色范围"特效应用

本例通过使用"颜色范围"特效和"CC Simple Wire Removal（CC 简单金属丝移除）"特效，键出女孩绿色背景及钢丝线，使用"高级溢出抑制器"特效，对键出效果进行调整，键出残留的绿色，效果如图 6-32 所示。

图 6-32　"颜色范围"特效应用动画效果

操作步骤：

1. 导入素材。打开 After Effects CC 软件，按"Ctrl＋I"组合键，打开"导入文件"对话框，将该案例的素材导入"项目"面板中。

2. 新建合成。在"项目"面板中选择"环境.avi"素材，将其拖到"时间轴"面板中创建一个合成。用同样的方法，将"人物.jpg"素材拖到"时间轴"面板中，如图 6-33 所示。

图 6-33　新建合成并添加素材（1）

3. 为素材添加"颜色范围"特效。选择"人物.jpg"图层，执行"效果"→"抠像"→"颜色范围"菜单命令，选择"颜色范围"特效中"预览"属性右侧的"吸管"工具，在素材层上吸取绿色，如图 6-34 所示。

图 6-34　为素材添加"颜色范围"特效

4.选择"颜色范围"特效中"预览"属性右侧的"加选吸管"工具![icon]，继续在素材层上绿色区域单击，以增加键出范围，并调整参数，效果如图 6-35 所示。

图 6-35　设置"颜色范围"参数

5.移除钢丝线。选择"人物.jpg"图层，执行"效果"→"抠像"→"CC Simple Wire Removal"菜单命令，设置"Point A"为钢丝线的起点位置，"Point B"为钢丝线的终点位置，"Removal Style"为"Fade"，并调整参数，如图 6-36 所示。

图 6-36　设置"CC Simple Wire Removal"参数

　　6. 清除人物素材中残留的绿色。执行"效果"→"抠像"→"高级溢出抑制器"菜单命令，并设置参数，清除人物素材中残留的绿色，如图 6-37 所示。

图 6-37　设置"高级溢出抑制器"参数

　　7. 制作人物动画。选择"人物.jpg"图层，为其添加位置、缩放、不透明度动画，完善动画效果,如图 6-38 所示。

图 6-38　制作人物动画

8.设置合成持续时间。按"Ctrl+K"组合键,打开"合成设置"对话框,设置"持续时间"为 5 秒,完成动画制作。执行"文件"→"保存"菜单命令,保存文件。

9.渲染输出。执行"合成"→"添加到渲染队列"菜单命令,或按"Ctrl+M"组合键,打开"渲染队列"窗口,设置渲染参数,单击　渲染　按钮,输出视频。

6.6　实战训练 3:"Klight(1.2)"特效应用

本例通过对视频人物绿色背景键出操作,熟悉"Klight(1.2)"特效的功能及使用方法,其效果如图 6-39 所示。

实战训练 3
Klight1.2 特效应用

图 6-39　Klight(1.2)特效应用动画效果

操作步骤:

1.导入素材。打开 After Effects CC 软件,按"Ctrl+I"组合键,打开"导入文件"对话框,将该案例的素材导入"项目"面板中。

2.新建合成。在"项目"面板中选择"背景.mp4"素材,将其拖到"时间轴"面板中创建一个合成。用同样的方法,将"前景.mp4"素材拖到"时间轴"面板中,调整素材位置,如

图 6-40 所示。

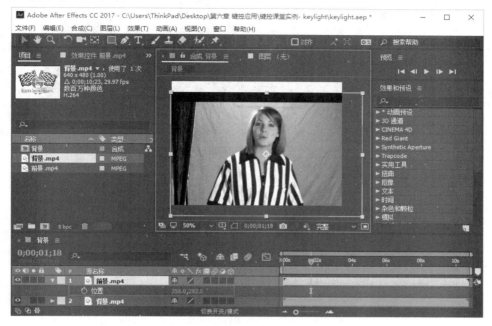

图 6-40　新建合成并添加素材(2)

3.添加图层蒙版。单击工具栏中的"矩形工具"按钮 ，在"前景.mp4"图层上绘制一个矩形，去除周围遮挡物，如图 6-41 所示。

图 6-41　添加矩形蒙版

4.添加"Klight(1.2)"特效。选择"前景.mp4"图层，执行"效果"→"抠像"→"Klight

（1.2）"菜单命令，选择"Screen Colour"属性右侧的"吸管"工具 ，在素材层上吸取绿色，如图 6-42 所示。

图 6-42 为素材添加"Klight（1.2）"特效

5. 设置"Klight（1.2）"特效参数。设置"View"选项为"Screen Matte"，便于观察调整效果，其他参数设置如图 6-43 所示。

图 6-43 设置"Klight（1.2）"特效参数

6. 添加文字。设置"View"选项为"Final Result"。在"时间轴"面板中，将当前时间指示器移动到 0：00：05：10 帧，单击工具栏中的"横排文字工具"按钮 T，添加文字"1-Basketball"，设置文字"段落"格式为居中对齐；"填充颜色"为黄色，"描边颜色"为黑色，其他参数设置如图 6-44 所示。

图 6-44　设置文字参数

7. 添加其他文字。激活"1-Basketball"文字图层"源文本"属性前面的"时间变化秒表"按钮 ，记录动画；将当前时间指示器移到 0：00：07：05 帧处，修改文字内容为"2-Soccer"；在 0：00：08：10 帧处，修改文字内容为"3-Golf"；在 0：00：09：16 帧处，修改文字内容为"4-Tennis"，如图 6-45 所示。

图 6-45　添加其他文字

8. 至此，"Klight(1.2)"特效应用动画制作完成。执行"文件"→"保存"菜单命令，保存文件。

9. 渲染输出。执行"合成"→"添加到渲染队列"菜单命令，或按"Ctrl＋M"组合键，打开"渲染队列"窗口，设置渲染参数，单击 ⬛ 渲染 按钮，输出视频。

6.7　实战训练 4："Roto 笔刷工具"应用

本例通过使用"Roto 笔刷工具"实现从实拍视频中将人物背景键出，进而熟悉"Roto 笔刷工具"的功能及使用方法，进一步掌握 After Effects CC 软件抠取实拍视频背景的方法与技巧，其效果如图 6-46 所示。

图 6-46　"Roto 笔刷工具"应用动画效果

操作步骤：

1. 新建合成。打开 After Effects CC 软件，执行"合成"→"新建合成"菜单命令，打开"合成设置"对话框，设置参数，如图 6-47 所示。

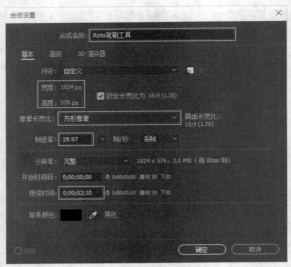

图 6-47　合成参数(2)

2. 导入素材。按"Ctrl＋I"组合键，打开"导入文件"对话框，将该案例的素材导入"项目"面板中。在"项目"面板中选择"背景.jpg"和"人物.avi"素材，将其拖到"时间轴"面板中，如图 6-48 所示。

图 6-48 添加素材

3. 调整素材的出点。将当前时间指示器移到 0:00:02:09 帧处，选择"人物.avi"层，按"]"键，将素材的出点调整到当前位置，如图 6-49 所示。

图 6-49 调整素材的出点

4. 使用"Roto 笔刷工具"处理人物素材。将当前时间指示器移到 0:00:00:00 帧处，在"时间轴"面板中双击"人物.avi"素材层，打开素材窗口。单击工具栏中的"Roto 笔刷工具"按钮，按住"Ctrl"键，拖动鼠标左键调整笔刷大小，在人物上绘制以获取保留区域，如图 6-50 所示。

图 6-50　使用 Roto 笔刷工具处理人物素材

5. 绘制结束，放开鼠标后的效果如图 6-51 所示。

图 6-51　放开鼠标后的效果

6. 调整选择区域。按住"Ctrl"键，拖动鼠标左键调整笔刷大小，在需要添加到选区的区域绘制；按住"Alt"键绘制，将多选的区域去除，如图 6-52 所示。

7. 用同样的方法逐帧检查后面各帧画面选择情况，并进行相应调整。切换到合成窗口，此时效果如图 6-53 所示。

图 6-52 调整选择区域

图 6-53 Roto 笔刷工具处理效果

8. 调整选择区域边缘。切换到"人物. avi"素材窗口,单击工具栏中的"调整边缘工具"按钮，按住"Ctrl"键,拖动鼠标左键调整笔刷大小,在人物选择区域边缘绘制,如图 6-54 所示。

图 6-54 调整选择区域边缘

9. 调整 Roto 笔刷和调整边缘参数。将窗口切换到合成窗口,观察人物边缘效果,调整"Roto 笔刷和调整边缘"特效参数,如图 6-55 所示。

10. 切换到"人物. avi"素材窗口,用同样的方法,逐帧检查后面各帧选择区域边缘情况,并使用"调整边缘工具"进行相应调整。

11. 至此 Roto 笔刷工具应用动画制作完成。执行"文件"→"保存"菜单命令,保存文件。

图 6-55　调整"Roto 笔刷和调整边缘"参数

12. 渲染输出。执行"合成"→"添加到渲染队列"菜单命令,或按"Ctrl＋M"组合键, 打开"渲染队列"窗口,设置渲染参数,单击 渲染 按钮,输出视频。

6.8　本章小结

本章主要对抠像原理及 CC Simple Wire Removal(CC 简单金属丝移除)、颜色键、亮度键、内部/外部键、颜色范围、提取、线性颜色键、颜色差值键、溢出抑制、高级溢出抑制器、抠像清除器、Keylight(1.2)共 13 种抠像特效及 Roto 笔刷工具视频抠像,从抠像功能、使用方法及参数功能三个方面进行了详细讲解。通过四个实战训练,讲解了 After Effects CC 软件抠像的实现过程,进一步熟悉了 After Effects CC 软件抠像的方法和技巧。

6.9　习　题

一、填空题

1. 抠像从原理上讲,只要背景所用的颜色在前景画面中不存在,用任何颜色做背景都可以。但实际上,最常用的是_____或_____背景。

2. _____是一种比较基础的抠像特效,适用于抠像的背景比较纯净、颜色比较均匀的画面。

3. _____主要依靠亮度的区别来去除背景,适用于对比度比较强烈的图像。

4. _____特效需要为抠像的对象绘制两个蒙版路径,一个定义键出范围的外边缘, 一个定义键出范围的内边缘。

二、不定项选择题

1. 以下不是"线性颜色键"特效匹配颜色的颜色空间的是（   ）。

A. 使用色相　　　　　　B. 使用亮度　　　　　C. 使用 RGB　　　　　D. 使用色度

2. 以下属于"亮度键"特效键类型的是（   ）。

A. 抠出较亮区域　　　　　　　　　　B. 抠出亮度相似的区域

C. 抠出亮度不同的区域　　　　　　　D. 抠出较暗的区域

3. 以下不是"颜色范围"特效色彩空间的是（   ）。

A. YUV　　　　　　　B. RGB　　　　　　　C. CMYK　　　　　D. Lab

4. After Effects CC 对于背景比较复杂的图像，下列哪种抠像方式效果较好？（   ）

A. 颜色差值键　　　　B. 差值遮罩　　　　　C. 内部/外部键　　　D. 线性颜色键

第7章

三维合成

● **本章教学目标**

1. 掌握三维图层的应用技巧与方法；(重点)
2. 掌握灯光的创建及使用方法；(重点)
3. 掌握摄像机的创建及使用方法；(重点)
4. 掌握三维合成在动画合成中的应用方法与技巧。(难点)

7.1 初识三维环境

1. 三维空间

三维空间是指有长、宽、高的一个立体环境。Z 坐标是体现三维空间的关键，它呈现的是物体的深度，即人们所说的远和近。三维空间中的对象会与所处的空间相互产生影响，如产生阴影、遮挡等，而且由于观察视角的关系，还会产生透视、聚焦等影响，也就是平常所说的近大远小、近实远虚等感觉，如图 7-1 所示。

图 7-1　三维空间示例

2. 创建三维图层

除了声音层以外，所有素材层都可以转换为三维图层。将一个普通的二维图层转换为三维图层也非常简单，只需要在"时间轴"面板中选择一个二维图层，然后单击"开关"栏中"3D 图层"按钮下的相应位置即可。再次单击又可将三维图层转换为二维图层。

选择一个三维图层，在合成窗口中可以看到一个三维坐标，其中红色箭头代表 X 轴，绿色箭头代表 Y 轴，蓝色箭头代表 Z 轴。在"时间轴"面板中，展开三维图层属性，会发现变换属性中无论是"锚点"属性、"位置"属性、"缩放"属性，还是"旋转"属性都在原有属性基础上增加了一组 Z 轴参数，并新增了"方向"和"材质选项"属性，如图 7-2 所示。

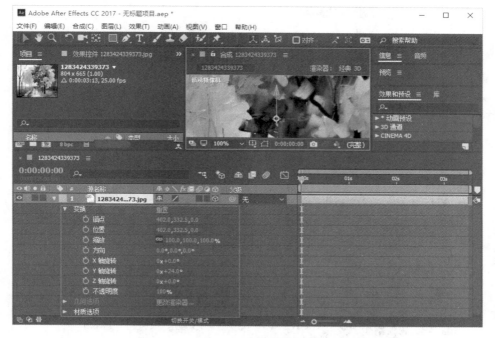

图 7-2　三维图层示例

除了在"时间轴"面板中，通过调整属性值对三维图层进行变换操作外，还可以通过工具栏中的"选取工具" ，、"旋转工具" ，在合成窗口中直接对三维图层进行变换操作。若需要锁定在某一轴向上进行变换操作，可在当光标中包含有该坐标轴的名称时进行操作即可。

需要注意的是，在使用"旋转工具" 对三维图层进行旋转时，改变的是三维图层的"方向"属性，而不是"X 轴旋转""Y 轴旋转"或"Z 轴旋转"属性。

3. 三维视图

在三维空间中要全面观察到物体，仅靠一个视图是无法实现的，需要借助多个角度的视图对比观察。After Effects CC 软件为三维图层提供了多种角度的视图显示方式。单击合成窗口下方的 活动摄像机 ∨ 按钮，在弹出的下拉列表中可以选择不同的视图，如图 7-3 所示。

"活动摄像机"视图：用户可以在该视图方式下对 3D 对象进行操作，它相当于所有摄像机的总控台。

"摄像机"视图：默认情况下，没有摄像机视图。只有在合成中创建了摄像机后，才会出现摄像机视图。在该视图方式下可以对摄像机进行调整，以改变其视角。

"正面""左侧""顶部""背面""右侧""底部"视图：六个正交视图。

"自定义视图"：用于调整对象的空间位置，它不使用任何透视。在该视图中用户可以直观地看到对象在三维空间中的位置，而不受透视产生的其他影响。

在合成窗口中，用户可同时打开多个视图，从不同角度观察素材。单击合成窗口下方的按钮,在弹出的下拉列表中可以选择视图的布局方式,如图 7-4 所示。

图 7-3　视图列表　　　　　　　图 7-4　视图布局列表

如图 7-5 所示,为"4 个视图"布局方式。

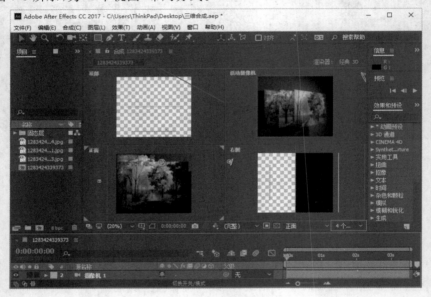

图 7-5　"4 个视图"布局

4."材质选项"属性

"材质选项"是三维图层具有的属性,主要用于控制光线与阴影的关系,当场景中设置灯光后,用于调节三维图层投影、接受阴影、接受灯光等的方式,如图 7-6 所示。

图 7-6　"材质选项"属性

"投影"：用于设置当前图层是否产生投影。"关"表示不产生投影；"开"表示产生投影；"仅"表示只显示投影，不显示图层。

"透光率"：用于设置光线穿过图层的百分比。增大该值时，光线将穿透图层，使投影具有图层的颜色。适当设置该值可以增强投影的真实感。

"接受阴影"：用于设置当前图层是否接受其他图层投射的阴影。"关"表示不接受其他图层投射的阴影；"开"表示接受其他图层投射的阴影；"仅"表示只显示接受的阴影，不显示图层。

"接受灯光"：用于设置当前图层是否受场景中灯光的影响。"关"表示不接受场景中灯光的影响；"开"表示接受场景中灯光的影响。

"环境"：用于设置当前图层受环境光影响的程度。

"漫射"：用于设置当前图层表面的漫反射值。

"镜面强度"：用于设置图层上镜面反射高光的亮度。

"镜面反光度"：用于设置当前图层上高光的大小。值越大，高光区域越小；值越小，高光区域越大。

"金属质感"：用于设置图层上镜面高光的颜色。其值为 100％时为图层的颜色，为 0 时为灯光颜色。

7.2　灯光的应用

在合成制作中，使用灯光可以模拟现实世界中的真实效果，并能够渲染气氛、突出重点，使场景具有层次感。

1. 创建灯光

在 After Effects CC 软件中，可以通过创建"灯光"图层来模拟三维空间中的真实光线效果，并产生阴影。其方法是执行"图层"→"新建"→"灯光"菜单命令，在打开的"灯光设置"对话框中，选择灯光类型，设置灯光参数，即可完成灯光的创建，如图 7-7 所示。

2. 灯光的类型

在 After Effects CC 软件中，提供了四种灯光类型，如图 7-8 所示。

图 7-7　"灯光设置"对话框

图 7-8　"灯光类型"列表

（1）平行：常用来模拟太阳光，光线从某点发射照向目标点。光照范围无限远，它可以照亮场景中位于目标位置的每一个物体，可产生投影，"平行"具有方向性且光照强度默认是无衰减的，如图7-9所示。

（2）聚光：常用来模拟舞台的投影灯，光线从某个点以圆锥形向目标位置发射光线，并形成圆形的光照范围。可通过调整"锥形角度"来控制照射范围，如图7-10所示。

图 7-9 平行

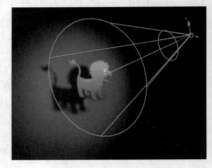
图 7-10 聚光

（3）点：类似于灯泡，光线从某个点向四周发射。随着光源与对象的距离不同，受光程度也会不同。距离近，光照强；距离远，光照弱，如图7-11所示。

（4）环境：光线没有发射源，可以照亮场景中的所有物体，但不能产生投影，如图7-12所示。

图 7-11 点

图 7-12 环境

3. 灯光的属性

灯光的属性可以在"灯光设置"对话框中设置，也可以在"时间轴"面板"灯光"图层的"灯光选项"属性中修改。以聚光为例，如图7-13所示。

"强度"：用于控制光照强度，值越大，光越强。当其值为0时，场景变黑；值为负值时，可以起到吸光的作用；当场景中有其他灯光时，负值的灯光可减弱场景中的光照强度。

"颜色"：用于设置灯光的颜色。

"锥形角度"：用于设置灯光的照射范围，值越大，光照范围越大；值越小，光照范围越小。

"锥形羽化"：用于设置光照范围的羽化值，使聚光灯的照射范围产生一个柔和的边缘。

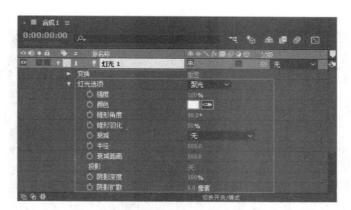

图 7-13 "灯光选项"属性列表

"衰减":用于设置灯光衰减的方式。其中有三个选项,"无"表示没有衰减;"平滑"表示产生线性衰减;"反向平方限制"表示采用反向平方算法计算衰减的速度,此种方式灯光衰减得会更快。

"半径":用于设置灯光衰减的半径。

"衰减距离":用于设置灯光衰减的距离。

"投影":值为"开"时,灯光会在场景中产生投影。(注意:当灯光的"投影"属性设置为"开"后,还需要将接受灯光照射的图层的"投影"属性也设置为开,这样才能看到阴影)

"阴影深度":用于设置阴影颜色的深度。

"阴影扩散":用于设置阴影漫射扩散的大小。

7.3 摄像机的应用

在 After Effects 中,我们常常需要运用一个或多个摄像机来创造空间场景、观看合成空间,摄像机工具不仅可以模拟真实摄像机的光学特性,更能超越真实摄像机在三脚架、重力等方面的制约,在空间中任意移动。为摄像机设置动画,更可以得到很多精彩的动画效果。

1.创建摄像机

在 After Effects CC 软件中,可以通过执行"图层"→"新建"→"摄像机"菜单命令,在打开的"摄像机设置"对话框中,设置摄像机参数,完成摄像机的创建,如图 7-14 所示。

2.摄像机参数设置

如图 7-14 所示,摄像机各项参数功能如下。

"类型":用于设置摄像机的类型,有"单节点摄像机"和"双节点摄像机"两种。

"名称":用于设置摄像机的名称。

"预设":在这个下拉菜单里提供了九种常见的摄像机镜头,包括标准的"35 毫米"镜头、"15 毫米"广角镜头、"200 毫米"长焦镜头等和"自定义"镜头。"35 毫米"标准镜头的视角类似于人眼;"15 毫米"广角镜头有极大的视野范围,类似于鹰眼观察空间,由于视野范围极大,看到的空间很广阔,但是会产生空间透视变形。"200 毫米"长镜头可以将远处

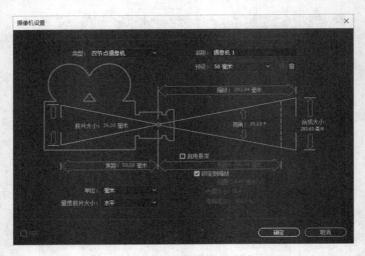

图 7-14 "摄像机设置"对话框

的对象拉近,视野范围也随之减少,只能观察到较小的空间,但几乎没有变形。

"缩放":用于设置摄像机到图像之间的距离。值越大,通过摄像机显示的图层大小就越大,视野范围也越小。

"胶片大小":是指通过镜头看到的图像实际的大小,值越大,视野越大,值越小,视野越小。

"视角":视图角度的大小由焦距、胶片大小和缩放所决定,也可以自定义设置,使用宽视角或窄视角。

"合成大小":用于显示合成的高度、宽度或对角线的参数,以"测量胶片尺寸"中的设置为准。

"启用景深":用于建立真实的摄像机调焦效果。选中该复选框可对景深进一步设置。

"焦距":左侧的焦距用于设置摄像机焦点范围的大小。

"焦距":右侧的焦距用于设置焦点距离,确定从摄像机开始,到图像最清晰位置的距离。

"锁定到缩放":选中该复选框,可使焦距和缩放值的大小匹配。

"光圈":用于设置焦距到光圈的比例,模拟摄像机使用 F 制光圈。

"光圈大小":用于设置光圈大小,在 After Effects CC 里,光圈与曝光没关系,仅影响景深,值越大,前后图像清晰范围就越小。

"模糊层次":用于控制景深模糊程度,值越大越模糊。

"单位":可以选择使用"像素"、"英寸"或"毫米"作为单位。

"量度胶片大小":可将测量标准设置为"水平"、"垂直"或"对角"。

3. 调整摄像机

摄像机的位置、角度等参数可以在"时间轴"面板的"摄像机"图层中进行设置,也可以使用工具栏中的工具进行调整,如图 7-15 所示。

"统一摄像机工具"按钮 📷:选择该工具,按住鼠标左键拖动可以旋转摄像机视图;按住鼠标中键拖动可以平移摄像机视图;按住鼠标右键拖动可以推拉摄像机视图。

"轨道摄像机工具"按钮 ⊚：该工具用于旋转摄像机视图。

"跟踪 XY 摄像机工具"按钮 ✛：该工具可在 X、Y 方向上平移摄像机视图。

图 7-15　摄像机调整工具

"跟踪 Z 摄像机工具"按钮 ◉：该工具可沿 Z 轴推拉摄像机视图。

注：灯光和摄像机只能在三维图层中使用。

7.4　实战训练 1：立体扫光动画

本例通过摄像机实现对三维图层的变换动画，利用"灯光"图层增强场景的层次感，配合 Shine 特效，实现立体扫光动画，效果如图 7-16 所示。

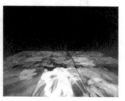

图 7-16　立体扫光动画效果

操作步骤：

1.新建合成。打开 After Effects CC 软件，执行"合成"→"新建合成"菜单命令，打开"合成设置"对话框，设置参数，如图 7-17 所示。

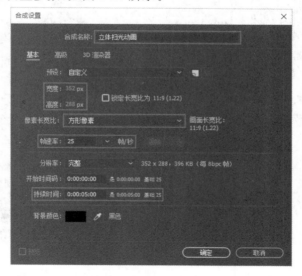

图 7-17　设置合成参数

2.导入素材。按"Ctrl＋I"组合键，打开"导入文件"对话框，将该案例的素材导入"项目"面板中。在"项目"面板中选择"百花图.jpg"素材，将其拖到"时间轴"面板中，并打开"3D 图层"属性开关，如图 7-18 所示。

图 7-18　添加素材(1)

3.创建摄像机。执行"图层"→"新建"→"摄像机"菜单命令,在弹出的"摄像机设置"对话框中,在"预设"下拉列表中选择"15 毫米";勾选"启用景深"复选框,如图 7-19 所示。

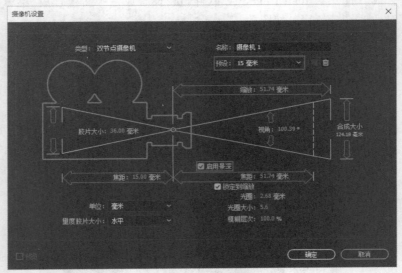

图 7-19　创建摄像机

4.制作摄像机动画。在"时间轴"面板中,将当前时间指示器移动到 0:00:00:00 帧,展开"摄像机 1"图层的变换属性,设置"目标点"为(176.0,177.0,0.0),"位置"为(176.0,502.0,-146.0),并激活该属性前面的"时间变化秒表"按钮⚫,记录动画,如图 7-20 所示。

图 7-20　制作摄像机动画

5.按"End"键将当前时间指示器移动到 0:00:04:24 帧,设置"目标点"为(176.0,
−189.0,0.0),"位置"为(176.0,250.0,−146.0),如图 7-21 所示。

图 7-21　设置动画

6.增加画面层次感。执行"图层"→"新建"→"灯光"菜单命令,打开"灯光设置"对话
框,设置"灯光类型"为"点";"强度"为 120%。

7.设置"灯光"图层位置。在"时间轴"面板中,按"P"键,展开"灯光 1"图层的"位置"属性,设置其值为(180.0,58.0,−242.0),如图 7-22 所示。此时从合成窗口中可以看到添加灯光后的图像效果已经产生了很好的层次感。

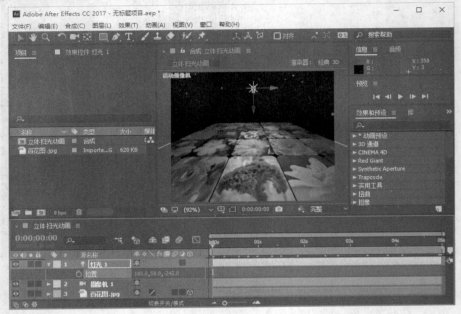

图 7-22 设置"灯光 1"图层位置

8.添加光特效。按"Ctrl＋N"组合键,新建一个合成,设置合成名称为"立体扫光动画合成",其他参数设置同前。在"项目"面板中选择"立体扫光动画"合成,将其拖动到"时间轴"面板中。执行"效果"→"Trapcode"→"Shine"菜单命令,此时从合成窗口中可以看到添加的光线效果,如图 7-23 所示。

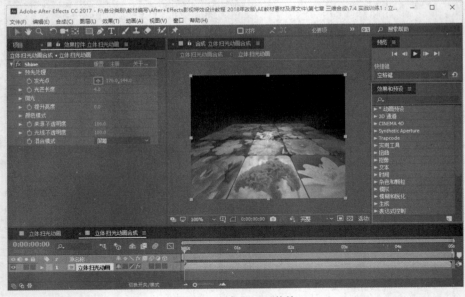

图 7-23 添加"Shine"特效

9.设置光效参数。在"效果控件"面板中,设置"Shine"特效的参数,如图 7-24 所示。

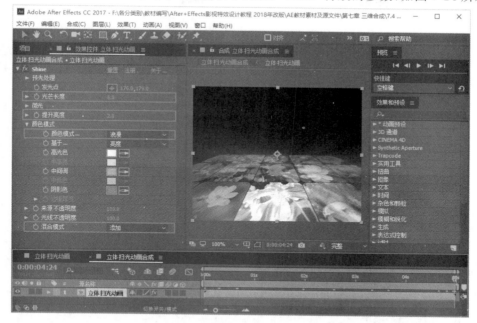

图 7-24　设置"Shine"特效的参数

10.制作光效动画。将当前时间指示器移到 0:00:00:00 帧,在"效果控件"面板中,设置"发光点"值为(176.0,265.0),并激活该参数前面的"时间变化秒表"按钮,记录动画。如图 7-25 所示。

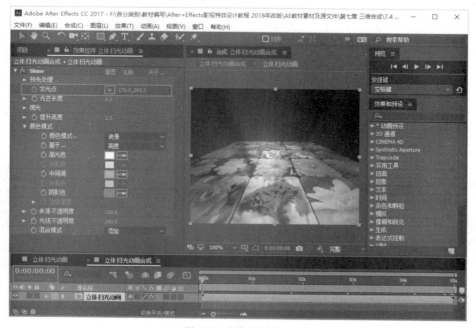

图 7-25　制作光效动画

11. 按"End"键将当前时间指示器移动到 0:00:04:24 帧，设置"发光点"值为（176.0，179.0），如图 7-26 所示。

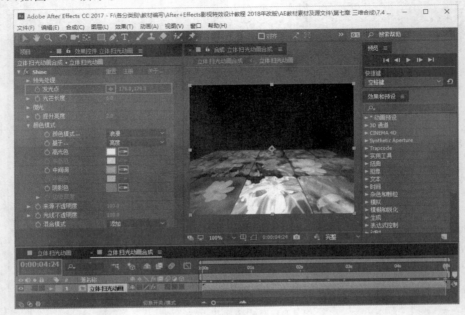

图 7-26　添加关键帧

12. 至此立体扫光动画制作完成。执行"文件"→"保存"菜单命令，保存文件。

13. 渲染输出。执行"合成"→"添加到渲染队列"菜单命令，或按"Ctrl＋M"组合键，打开"渲染队列"窗口，设置渲染参数，单击 按钮，输出视频。

实战训练2
百变魔盒

7.5　实战训练 2：百变魔盒

本例利用三维图层完成三维魔盒的搭建，通过摄像机和虚拟物体配合完成魔盒的变形动画，效果如图 7-27 所示。

图 7-27　百变魔盒动画效果

操作步骤：

1. 新建合成。打开 After Effects CC 软件，执行"合成"→"新建合成"菜单命令，打开"合成设置"对话框，设置参数，如图 7-28 所示。

图 7-28　设置合成参数(2)

2.导入素材。按"Ctrl＋I"组合键,打开"导入文件"对话框,将该案例的素材导入"项目"面板中。在"项目"面板中选择导入的素材,将其拖到"时间轴"面板中,并打开"3D 图层"属性开关,如图 7-29 所示。

图 7-29　添加素材(2)

3.创建摄像机。执行"图层"→"新建"→"摄像机"菜单命令,在弹出的"摄像机设置"对话框的"预置"下拉列表中选择"50 毫米"。

4.变换视角。单击合成窗口下方的 活动摄像机 ⌄ 按钮,在弹出的下拉列表中选择"自定义视图 1",如图 7-30 所示。

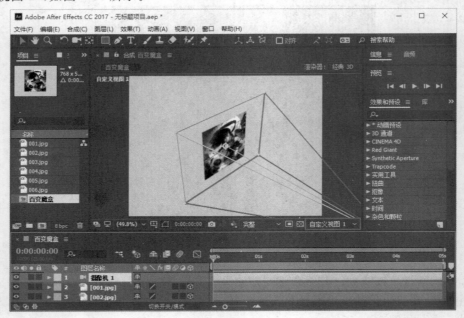

图 7-30　变换视角

5. 制作魔盒。调整素材图片"001. jpg"和"002. jpg"的"位置"和"旋转"属性,如图 7-31 所示。

图 7-31　调整图片"001. jpg"和"002. jpg"的"位置"和"旋转"属性

6. 调整素材图片"003. jpg"和"004. jpg"的"位置"和"旋转"属性,如图 7-32 所示。

7. 调整素材图片"005. jpg"和"006. jpg"的"位置"和"旋转"属性,如图 7-33 所示。

图 7-32　调整图片"003.jpg"和"004.jpg"的"位置"和"旋转"属性

图 7-33　调整图片"005.jpg"和"006.jpg"的"位置"和"旋转"属性

8.变换摄像机角度。单击合成窗口下方的 自定义视图 1 ∨ 按钮,在弹出的下拉列表中选择"活动摄像机"视图,并使用工具栏中的"统一摄像机工具"按钮 ,调整摄像机角度,如图 7-34 所示。

图 7-34　变换摄像机角度

　　9.制作魔盒位置动画。在"时间轴"面板中选择六个素材图片层,按"P"键,打开其位置属性。将当前时间指示器移动到 0:00:02:18 帧,激活其属性前面的"时间变化秒表"按钮, 记录动画;将当前时间指示器移到 0:00:00:00 帧,将六个素材图片移到合成窗口之外,如图 7-35 所示。

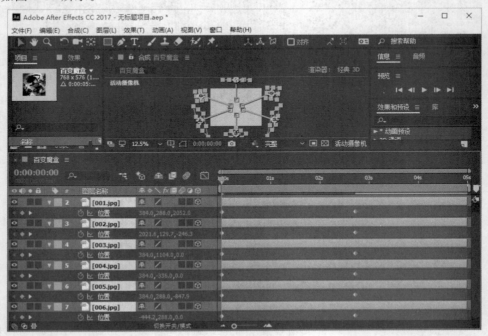

图 7-35　制作魔盒位置动画

　　10.创建空对象层。执行"图层"→"新建"→"空对象"菜单命令,创建"空 1"图层,打开其"3D 图层"属性开关,并将其设置为六个素材图片层的父级图层,如图 7-36 所示。

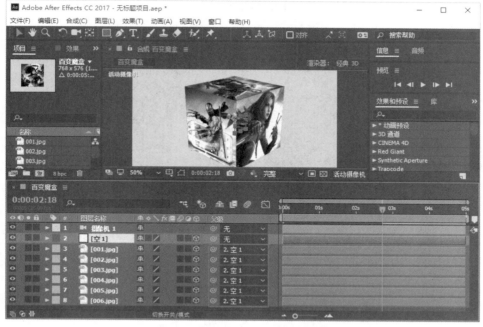

图 7-36 创建空对象层

11. 制作空对象旋转动画。选择"空 1"图层,按"R"键,打开其旋转属性,分别将当前时间指示器移动到 0:00:02:00 帧和 0:00:02:18 帧,激活"X 轴旋转""Y 轴旋转""Z 轴旋转"属性前面的"时间变化秒表"按钮 ,记录动画;将当前时间指示器移到 0:00:00:00 帧,调整三个轴向的旋转属性值,直至满意为止,如图 7-37 所示。

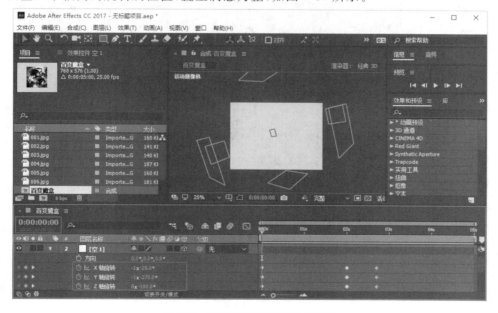

图 7-37 设置空对象"旋转"属性动画

12.将当前时间指示器移动到 0:00:03:20 帧，再次调整"X 轴旋转""Y 轴旋转""Z 轴旋转"属性值，制作空对象旋转动画，如图 7-38 所示。

图 7-38　0:00:03:20 帧"旋转"属性值

13.制作摄像机动画。选择"摄像机 1"图层，按"P"键，打开其位置属性，将当前时间指示器移动到 0:00:00:00 帧，激活其属性前面的"时间变化秒表"按钮，记录动画；将当前时间指示器移动到 0:00:03:20 帧，调整"位置"属性值，制作拉镜动画，如图 7-39 所示。

图 7-39　制作摄像机动画

14.制作摄像机推镜动画。将当前时间指示器移动到 0∶00∶04∶10 帧,调整"位置"属性值,制作推镜动画,如图 7-40 所示。

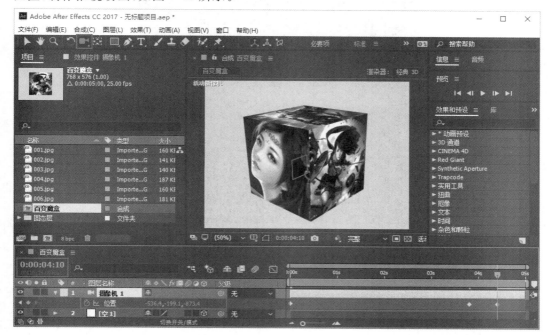

图 7-40　0∶00∶04∶10 帧"位置"属性值

15.至此百变魔盒动画制作完成。执行"文件"→"保存"菜单命令,保存文件。

16.渲染输出。执行"合成"→"添加到渲染队列"菜单命令,或按"Ctrl＋M"组合键,打开"渲染队列"窗口,设置渲染参数,单击 渲染 按钮,输出视频。

7.6　实战训练 3∶动画世界片头

本例利用分形杂色、块溶解、卡片擦除等特效,制作立体交叉光线、转场、分屏等效果,通过摄像机调节实现三维空间变化动画,效果如图 7-41 所示。

图 7-41　动画世界片头动画效果

操作步骤:

1.新建合成。打开 After Effects CC 软件,执行"合成"→"新建合成"菜单命令,打开"合成设置"对话框,设置参数,如图 7-42 所示。

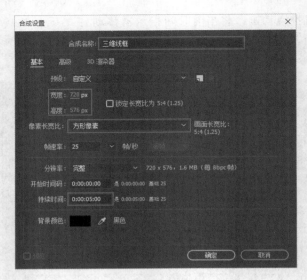

图 7-42 设置合成参数(3)

2.制作线框。按"Ctrl＋Y"组合键,新建一个与合成一样大小的黑色纯色层。执行"效果"→"杂色和颗粒"→"分形杂色"菜单命令,展开其"变换"选项组,取消"统一缩放"的勾选;设置"缩放宽度"为 10000.0;"缩放高度"为 5.0。将当前时间指示器移动到0:00:00:00 帧,激活"演化"属性前面的"时间变化秒表"按钮,记录动画;将当前时间指示器移动到 0:00:04:24 帧,设置其值为 4x＋0.0°,如图 7-43 所示。

图 7-43 添加"分形杂色"特效

3. 加强对比度。执行"效果"→"颜色校正"→"色阶"菜单命令,设置"输入黑色"为190.0,把图像调暗,如图 7-44 所示。

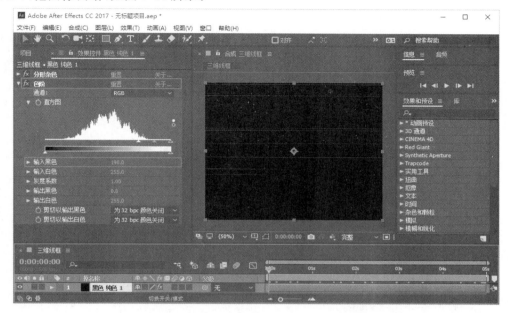

图 7-44 添加"色阶"特效

4. 添加发光。执行"效果"→"风格化"→"发光"菜单命令,设置"发光阈值"为9.0%;"发光强度"为 3.0;"发光颜色"为"A 和 B 颜色";"颜色 A"为 RGB(0,255,255);"颜色 B"为 RGB(0,12,255),如图 7-45 所示。

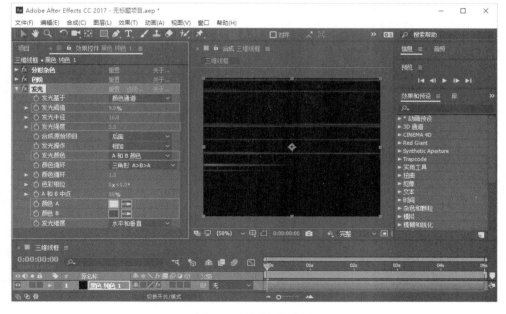

图 7-45 添加"发光"特效

5.复制图层。选择"黑色 纯色 1"图层,打开其"3D 图层"属性开关 ,按"Ctrl＋D"组合键,复制出五个图层,依次命名为"线框 01"～"线框 06",设置六个图层的"模式"为"相加",如图 7-46 所示。

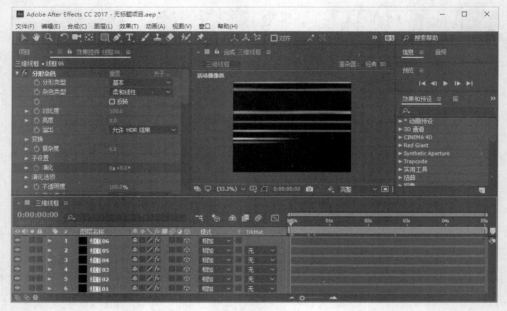

图 7-46　复制图层

6.搭建三维网格。调整"线框 01"和"线框 02"的"位置"和"旋转"属性,如图 7-47 所示。

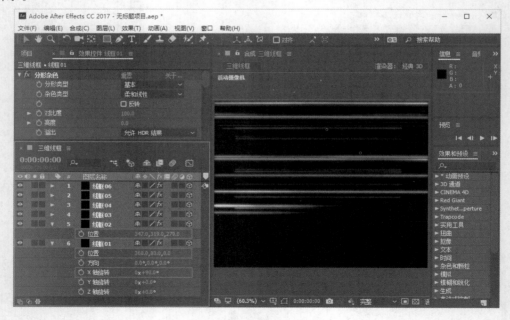

图 7-47　调整线框位置(1)

7. 调整"线框 03"和"线框 04"的"位置"和"旋转"属性,如图 7-48 所示。

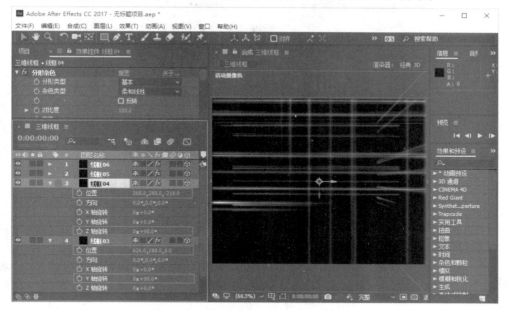

图 7-48 调整线框位置(2)

8. 调整"线框 05"和"线框 06"的"位置"和"旋转"属性,如图 7-49 所示。

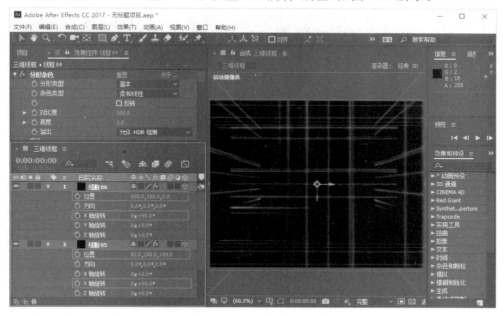

图 7-49 调整线框位置(3)

9. 创建摄像机。执行"图层"→"新建"→"摄像机"菜单命令,在弹出的"摄像机设置"对话框中,设置左侧的"焦距"为 41.67 毫米,如图 7-50 所示。

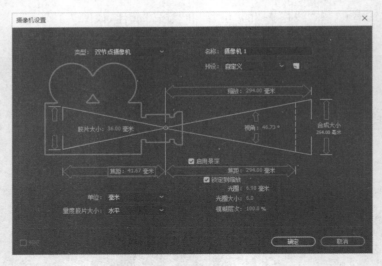

图 7-50　创建摄像机

10. 制作摄像机动画。将当前时间指示器移动到 0:00:03:00 帧,激活摄像机"位置"属性前面的"时间变化秒表"按钮,记录动画,设置其值为(360.0,288.0,-833.0);将当前时间指示器移动到 0:00:00:00 帧,设置其值为(1120.0,288.0,0.0),使摄像机产生一个从右边转动拍摄至正面的运动。如图 7-51 所示。

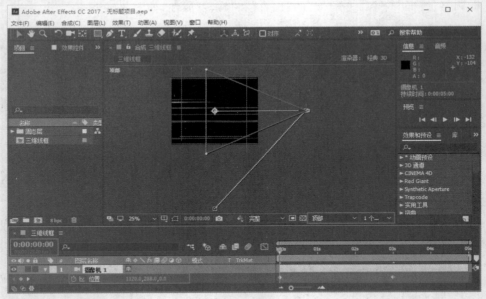

图 7-51　制作摄像机动画

11. 新建合成。按"Ctrl+N"组合键,新建一个合成,设置合成名称为"蒙版",其他参数设置同前。

12. 制作蒙版网格。按"Ctrl+Y"组合键,新建一个与合成一样大小的白色纯色层。执行"效果"→"生成"→"网格"菜单命令,设置"大小依据"为"宽度和高度滑块";"宽度"为102.3;"高度"为 82.0;"边界"为 5.0;"锚点"为(308.0,328.0);勾选"反转网格"复选框,如图 7-52 所示。

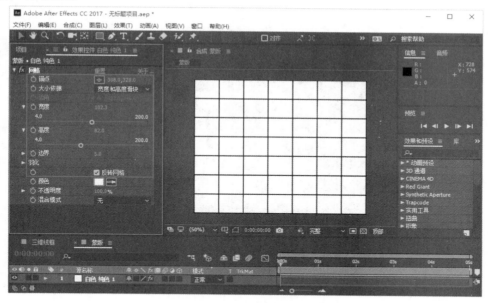

图 7-52　制作蒙版网格

13. 新建合成。按"Ctrl＋N"组合键,新建一个"小画面"合成,其他设置同前。双击"项目"面板空白位置,导入"大画面.jpg""bg. wav"文件,以及整个"小画面"文件夹中的图片。"小画面"文件夹中是 49 张尺寸为 $100×80$ 的小画面。将 49 张小画面全部拖入"时间轴"面板中,进行如图 7-53 所示的排列。

图 7-53　制作小画面合成

14. 新建"小画面蒙版"合成。按"Ctrl＋N"组合键,新建"小画面蒙版"合成,其他设置同前。将"蒙版"和"小画面"合成全部拖入当前"时间轴"面板中,设置"小画面"图层的"轨道遮罩"为"亮度",这样高亮区域将保留图像,暗部区域将变得透明,如图 7-54 所示。

图 7-54 新建"小画面蒙版"合成

15. 新建"大画面蒙版"合成。按"Ctrl＋N"组合键,新建"大画面蒙版"合成,其他设置同前。将"大画面.jpg"文件和"蒙版"合成拖入"时间轴"面板中,设置"大画面.jpg"图层的"轨道遮罩"为"亮度",如图 7-55 所示。

图 7-55 新建"大画面蒙版"合成

16. 制作小画面到大画面的过渡动画。将"小画面蒙版"合成拖入"大画面蒙版"合成的"时间轴"面板中,执行"效果"→"过渡"→"块溶解"菜单命令,设置"块宽度"为 102.3;"块高度"为 82.0;取消"柔化边缘(最佳品质)"复选框的勾选;将当前时间指示器移动到

0:00:02:00 帧,激活"过渡完成"属性前面的"时间变化秒表"按钮圆,记录动画,设置其为 0;将当前时间指示器移动到 0:00:03:00 帧,设置其为 100％,如图 7-56 所示。

图 7-56　添加"块溶解"特效

17.添加"卡片擦除"特效。回到"三维线框"合成,将"大画面蒙版"合成拖入"时间轴"面板中。执行"效果"→"过渡"→"卡片擦除"菜单命令,设置"过渡完成"为 100％;"过渡宽度"为 100％;"背面图层"为"1.大画面蒙版";"行数"为 7;"列数"为 7;"摄像机系统"为"合成摄像机",如图 7-57 所示。

图 7-57　添加"卡片擦除"特效

18.制作画面抖动动画。将当前时间指示器移动到 0：00：00：00 帧,展开"位置抖动"选项组,激活"Z 抖动量"属性前面的"时间变化秒表"按钮⊘,记录动画,设置其值为20.00;将当前时间指示器移动到 0：00：03：00 帧,设置其值为 0.00;设置"Z 抖动速度"为0.00,如图 7-58 所示。

图 7-58　制作画面抖动动画

19.从"项目"面板中将"bg. wav"文件拖入"三维线框"合成的"时间轴"面板中,完成动画世界片头制作。执行"文件"→"保存"菜单命令,保存文件。

20.渲染输出。执行"合成"→"添加到渲染队列"菜单命令,或按"Ctrl＋M"组合键,打开"渲染队列"窗口,设置渲染参数,单击 渲染 按钮,输出视频。

7.7　本章小结

本章主要对 After Effects CC 中三维环境的基础知识、灯光与摄像机的创建及使用方法进行了详细讲解。通过三个案例对三维图层、灯光及摄像机在三维合成中的应用方法与技巧进行了巩固与提高。

7.8　习　题

一、填空题

1.在 After Effects CC 软件中,提供了四种灯光类型,它们是_____、_____、_____和_____。

2.灯光的"灯光设置"属性组中,"投影"属性的作用是_____。

3.在 After Effects CC 软件的合成窗口中,最多可以同时打开_____个视图。

4.在 After Effects CC 软件中,正交视图有_____个,它们分别是_____。

二、不定项选择题

1.下列不是 After Effects CC 软件三维图层的"材质选项"属性的是(　　)。

A.投影　　　　　　B.接受阴影　　　　　C.接受灯光　　　　　D.自发光

2.下列不是 After Effects CC 软件中灯光类型的是(　　)。

A.聚光　　　　　　B.平行　　　　　　　C.天光　　　　　　　D.环境

3.下列摄像机镜头中,属于广角摄像机的是(　　)。

A.15 毫米　　　　B.35 毫米　　　　　C.50 毫米　　　　　D.200 毫米

4.下列镜头中,属于长镜头摄像机的是(　　)。

A.15 毫米　　　　B.35 毫米　　　　　C.50 毫米　　　　　D.200 毫米

5.下面说法正确的有(　　)。

A.灯光只能在三维图层中使用

B.摄像机只能在三维图层中使用

C.在"时间轴"面板中,上面的图层对下面的图层有遮挡作用

D.2D 图层与 3D 图层可以相互转换

第8章 特效应用

本章教学目标

1. 掌握运动跟踪技术在动画合成中的应用方法与技巧；(重点)
2. 掌握音频波形与音频频谱特效的功能及使用方法；(重点)
3. 掌握模拟特效的功能及使用方法；(难点)
4. 掌握第三方插件的安装与使用方法。(难点)

8.1 跟踪运动与稳定运动

跟踪运动与稳定运动在影视后期处理中应用广泛，可以实现真实拍摄无法实现的很多效果，如表现运动的燃烧的角色、手托火球运动等。

1. 跟踪运动与稳定运动概述

跟踪运动能根据对指定对象的运动，进行跟踪分析，自动创建关键帧，将跟踪的结果应用到其他图层或效果上，从而制作出跟随目标对象一起运动的动画效果，如图 8-1 所示。

图 8-1 跟踪运动示例

需要注意的是，跟踪运动只能对有镜头运动的影片进行跟踪，不能对单帧静止的图像实行跟踪。

稳定运动是对前期拍摄的影片进行画面稳定的处理，用来消减前期拍摄过程中出现的画面抖动问题，使画面变平稳。

2. 设置跟踪运动的方法

在设置跟踪运动时，合成中至少要有两个图层：一个为"运动源"图层，即源运动层；另一个为"目标"图层，即跟踪运动应用层。跟踪运动的设置可通过以下四步实现：

（1）选择并设置好"运动源"图层，为其添加"动画"→"跟踪运动"菜单命令，或在"跟踪器"面板中，如图 8-2 所示，单击"跟踪运动"按钮 跟踪运动 ，创建跟踪点。

（2）放置好跟踪点，按需要设置参数后，开始分析。

（3）调节跟踪关键点，应用到"目标"图层。

（4）加工修改关键点，进行最后的合成。

"跟踪器"面板选项如下：

"跟踪摄像机"：单击"跟踪摄像机"按钮 **跟踪摄像机** ，为选定层运用跟踪摄像机效果。

"变形稳定器"：单击"变形稳定器"按钮 **变形稳定器** ，为选定层运用变形稳定器效果。

"跟踪运动"：单击"跟踪运动"按钮 **跟踪运动** ，为选定图层运用跟踪运动效果。

"稳定运动"：单击"稳定运动"按钮 **稳定运动** ，为选定图层运用稳定运动效果。

"运动源"：可以从右侧下拉列表中选择要设置跟踪的图层。

"当前跟踪"：当有多个跟踪时，可以从右侧下拉列表中选择当前的跟踪。

"跟踪类型"：可以从右侧下拉列表中设置跟踪类型。包括"稳定"、"变换"、"平行边角定位"、"透视边角定位"和"原始"五种。

"位置"：选中该复选项，表示进行位置变换跟踪。

"旋转"：选中该复选项，表示进行旋转变换跟踪。

"缩放"：选中该复选项，表示进行缩放变换跟踪。

"编辑目标"：单击"编辑目标…"按钮 **编辑目标…** ，在弹出的"运动目标"对话框中，指定跟踪目标。

"选项"：单击"选项…"按钮 **选项…** ，在弹出的"动态跟踪器选项"对话框中，对跟踪进行详细设置，如图 8-3 所示。

图 8-2 "跟踪器"面板

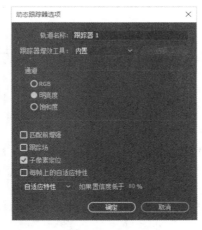

图 8-3 "动态跟踪器选项"对话框

"分析"：对跟踪进行分析。包括"向后分析 1 个帧" ◄❚、"向后分析" ◄ 、"向前分析" ► 和"向前分析 1 个帧" ❚► 。

"重置"：单击"重置"按钮 **重置** ，可将跟踪还原为初始状态。

"应用"：单击"应用"按钮 **应用** ，应用跟踪结果。

3. 跟踪范围框

跟踪范围框由两个方框和一个十字线组成，如图 8-4 所示。

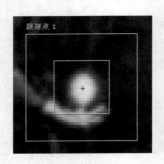

图 8-4 跟踪范围框

（1）跟踪点：十字线为跟踪点。跟踪点与其他图层的轴心点或效果点相连。当跟踪完成后，结果将以关键帧的方式记录图层的相关属性。跟踪点在整个跟踪过程中只是用来确定其他图层在跟踪完成后的位置情况。跟踪点不一定要在特征区域内，可以将它拖动到任何地方。

（2）特征区域：里面的方框为特征区域，它用于定义跟踪目标的范围。系统记录当前特征区域内的对象的颜色、明亮度和饱和度特征，然后在后续帧中以这个特征进行匹配跟踪。对影像进行跟踪运动，要确保特征区域有较强的颜色、明亮度和饱和度特征，与其他区域有高对比度反差。在一般情况下，前期拍摄过程中，要准备好跟踪特征物体，以使后期可以达到最佳的合成效果。

（3）搜索区域：外面的方框为搜索区域，较小的搜索区域可以提高跟踪的精度和速度。但是搜索区域一般最少需要包括两帧跟踪物体位移的范围。所以被跟踪素材的运动速度越快，两帧之间的位移越大，搜索区域也要越大。

8.2 "音频波形"与"音频频谱"特效

利用"音频波形"特效、"音频频谱"特效可以实现随音乐节奏快慢、声音轻重缓急变化丰富的动画效果，在影视合成中应用广泛。

1. "音频波形"特效

该特效可以利用声音文件，以波形振幅方式显示在图像上，并可通过自定义路径修改声波的显示方式，形成丰富多彩的声波效果，如图 8-5 所示。

图 8-5 "音频波形"示例

其参数面板如图 8-6 所示。

"音频层"：从右侧的下拉列表中可以选择一个合成中的声波参考层。声波参考层要首先添加到时间轴中才可以应用。

图 8-6　"音频波形"参数面板

"起始点"：在没有应用路径的情况下，指定声波图像的起点位置。

"结束点"：在没有应用路径的情况下，指定声波图像的终点位置。

"路径"：选择一条路径，让波形沿路径变化；在应用前可以用蒙版工具在当前图像上绘制一个路径，然后选择这个路径，便可产生沿路径变化的效果。

"显示的范例"：设置声波频率的采样数。值越大，显示的波形越复杂。

"最大高度"：以像素为单位，指定声波显示的最大振幅。值越大，振幅就越大，声波的显示也就越高。

"音频持续时间（毫秒）"：指定声波保持的时间，以毫秒为单位。

"音频偏移（毫秒）"：指定显示声波的偏移量，以毫秒为单位。

"厚度"：设置声波线的粗细程度。

"柔和度"：设置声波线的柔和程度。值越大，声波线边缘越柔和。

"随机植入（模拟）"：设置声波线的随机数量值。

"内部颜色"：设置声波线的内部颜色，类似图像填充颜色。

"外部颜色"：设置声波线的外部颜色，类似图像描边颜色。

"波形选项"：指定波形的显示方式。

"显示选项"：可以从右侧下拉列表中设置声波线的显示方式。

"在原始图像上合成"：勾选该复选框，将声波线显示在源图像上，以避免声波线将源图像覆盖。

2. "音频频谱"特效

该特效可以利用声音文件，以频谱显示在图像上，可以通过频谱的变化了解声音频率，可将声音作为科幻与数位的专业效果表示出来，提高音乐的感染力，如图 8-7 所示。

图 8-7　"音频频谱"示例

其参数面板如图 8-8 所示。

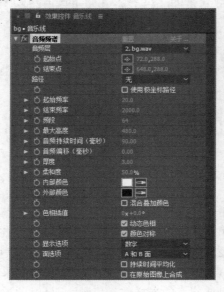

图 8-8 "音频频谱"参数面板

"音频层"：从右侧的下拉列表中可以选择一个合成中的音频参考层。音频参考层要首先添加到时间轴中才可以应用。

"起始点"：在没有应用路径的情况下，指定音频图像的起点位置。

"结束点"：在没有应用路径的情况下，指定音频图像的终点位置。

"路径"：选择一条路径，让波形沿路径变化。在应用前可以用蒙版工具在当前图像上绘制一条路径，然后选择这个路径，便可产生沿路径变化效果。

"使用极坐标路径"：勾选该复选框，频谱线将从一点出发以发射状显示。

"起始频率"：设置参考的最低音频频率，以 Hz 为单位。

"结束频率"：设置参考的最高音频频率，以 Hz 为单位。

"频段"：设置音频频谱显示的数量。值越大，显示的音频频谱越多。

"最大高度"：指定频谱显示的最大振幅。值越大，振幅就越大，频谱的显示也就越高，以像素为单位。

"音频持续时间(毫秒)"：指定频谱保持的时长，以毫秒为单位。

"音频偏移(毫秒)"：指定显示频谱的偏移量，以毫秒为单位。

"厚度"：设置频谱线的粗细程度。

"柔和度"：设置频谱线的柔化程度。值越大，频谱线边缘越柔和。

"内部颜色"：设置频谱线的内部颜色，类似图像填充颜色。

"外部颜色"：设置频谱线的外部颜色，类似图像描边颜色。

"混合叠加颜色"：勾选该复选框，在频谱线产生相互重叠时，设置其产生混合效果。

"色相插值"：设置频谱线的插值颜色，能够产生多彩的频谱线效果。

"动态色相"：勾选该复选框，应用颜色插值时，开始颜色将偏移到显示频率范围中最大的频率。

"颜色对称":勾选该复选框,应用颜色插值时,频谱线的颜色将以对称的形式显示。

"显示选项":可以从右侧下拉列表中设置频谱线的显示方式。

"面选项":设置频谱线的显示位置,可以选择半边或整个波形显示。

"持续时间平均化":设置频谱线显示的平均化效果,可以产生整齐的频谱变化,而减弱随机状态。

"在原始图像上合成":勾选该复选框,将频谱线显示在原图像上,以避免频谱线将原图像覆盖。

8.3 模拟特效

模拟特效功能强大,可用来表现破碎、爆炸、液态等特殊效果,也可以用来表现下雨、下雪、水波等自然现象。After Effects CC 2017 中提供了 18 种模拟特效,可以从"效果"菜单或"效果和预设"面板中选择添加。其中"CC Ball Action(CC 球体动作)""CC Bubbles(CC 泡泡)""CC Drizzle(CC 细雨滴)""CC Hair(CC 毛发)""CC Mr.Mercury(CC 水银滴落)""CC Particle Systems Ⅱ(CC 粒子仿真系统 Ⅱ)""CC Particle World(CC 粒子世界)""CC Pixel Polly(CC 像素多边形)""CC Rainfall(CC 下雨)""CC Scatterize(CC 散射)""CC Snowfall(CC 下雪)""CC Star Burst(CC 星爆)"12 种特效效果美观、功能强大,易于上手,在此不做详细介绍。下面重点介绍一下"焦散""卡片动画""粒子运动场""泡沫""波形环境""碎片"6 种特效。

1. 焦散

该特效可以模拟水中反射和折射的自然现象,如图 8-9 所示。

图 8-9 "焦散"示例

其参数面板如图 8-10 所示。

(1)"底部"选项组:该选项组用于设置"焦散"特效的底层。

"底部":在右侧下拉列表中选择作为底层的图层,默认情况下底层为当前图层。

"缩放":对底层进行缩放设置,当值为负值时,将反转图像。

"重复模式":缩小底层后,可以在右侧的下拉列表中选择重复方式来填充底层中的空白区域,包括"一次"、"平铺"和"对称"3 种。

"如果图层大小不同":当在"底部"下拉列表中指定的底层与当前图层不同时,可以在本属性右侧下拉列表中选择处理方式。"伸缩以适合"会使底层与当前图层尺寸相同;"中心"会使底层尺寸不变,且与当前图层居中对齐。

"模糊":用于设置图像的模糊程度。

图 8-10 "焦散"参数面板

(2)"水"选项组:用于指定一个图层,以该图层的明度区域为参考产生水波效果,并对水波效果进行设置。

(3)"天空"选项组:为水波指定一个天空反射层,并对天空效果进行设置。

(4)"灯光"选项组:用于设置特效中灯光的各项参数。

(5)"材质"选项组:用于设置特效中素材的材质属性。

2. 卡片动画

该特效可以根据指定图层的特征分割画面,产生卡片翻转的效果,如图 8-11 所示。

图 8-11 "卡片动画"示例

其参数面板如图 8-12 所示。

"行数和列数":可以在右侧下拉列表中选择设置行数和列数的方式。"独立",行数和列数参数是相互独立的,可分别设置;"列数受行数控制",列数参数由行数参数控制。

"背面图层":在右侧下拉列表中可以选择合成中的一个图层作为卡片背面图。

"渐变图层 1/渐变图层 2":在右侧下拉列表中可以选择合成中的一个图层作为卡片的渐变层。

"旋转顺序":在右侧下拉列表中可以选择卡片的旋转顺序。

图 8-12 "卡片动画"参数面板

"变换顺序"：在右侧下拉列表中可以选择卡片的变化顺序。

"X/Y/Z 位置"三个参数组：用于控制卡片在 X、Y、Z 轴上的位置变化。

"X/Y/Z 轴旋转"三个参数组：用于控制卡片在 X、Y、Z 轴上的旋转变化。

"X/Y 轴缩放"两个参数组：用于控制卡片在 X、Y 轴上的比例变化。

"摄像机系统"：在右侧的下拉列表中可以选择用于控制特效的摄像机系统。

"摄像机位置"：当"摄像机系统"设置为"摄像机位置"时被激活，用于设置摄像机的位置参数。

"边角定位"：当"摄像机系统"设置为"边角定位"时被激活，用于设置摄像机的边角位置参数。

"灯光"：用于设置特效中的灯光。

"材质"：用于设置特效中素材的材质属性。

3. 粒子运动场

该特效可以制作大量相似物体独立运动的效果，如喷泉、下雪等，如图 8-13 所示。

图 8-13 "粒子运动场"示例

其参数面板如图 8-14 所示。

图 8-14　"粒子运动场"参数面板

(1)"发射"选项组:用于设置粒子发射参数。

"位置":设置粒子发生器的位置。

"圆筒半径":设置"发射"的柱体半径。

"每秒粒子数":设置每秒产生粒子的数量。

"方向":设置粒子发射的方向。

"随机扩散方向":设置每个粒子随机偏离发射方向的偏离量。

"速率":设置粒子发射的初始速度。

"随机扩散速率":设置粒子速度的随机量。

"颜色":设置粒子的颜色。

"粒子半径":设置粒子的半径。

(2)"网格"选项组:用于设置网格粒子发生器。

(3)"图层爆炸"选项组:设置可将目标图层分裂为粒子。

(4)"粒子爆炸"选项组:设置将一个粒子分裂为许多新的粒子。可以用来模拟爆炸、烟花等效果。

(5)"图层映射"选项组:指定合成中的任意图层作为粒子贴图来替换默认的圆形粒子。

(6)"重力"选项组:在指定的方向上影响粒子的运动状态,模拟真实世界中的重力现象。

(7)"排斥"选项组:设置相邻粒子相互排斥或吸引,使粒子如同有了正、负磁力。

(8)"墙"选项组:用于设置一个约束粒子移动的区域。使用蒙版工具绘制一个蒙版,即产生一个墙,可以使粒子停留在一个指定的区域。当一个粒子碰到墙时,它将以碰墙的力度所产生的速度弹回。

（9）"永久属性映射器"选项组：设置粒子属性。

（10）"短暂属性映射器"选项组：在每一帧后将粒子属性恢复为初始值。

4. 泡沫

该特效用于模拟气泡、水珠等流体效果，如图 8-15 所示。

 ⇒

图 8-15　"泡沫"示例

其参数面板如图 8-16 所示。

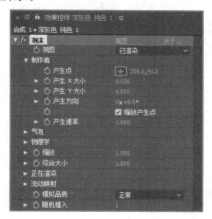

图 8-16　"泡沫"参数面板

（1）"视图"：用于设置泡沫的显示方式。

（2）"制作者"选项组：用于设置泡沫的粒子发射器。

（3）"气泡"选项组：用于对泡沫的大小、寿命、增长速度、强度等进行设置。

（4）"物理学"选项组：用于对泡沫的速度、方向、弹跳、黏性等物理特性进行设置。

"缩放"：对泡沫粒子整体进行缩放。

"综合大小"：设置粒子效果的综合尺寸。

（5）"正在渲染"选项组：用于设置粒子的渲染属性。

（6）"流动映射"选项组：用于对流动贴图进行设置。

"模拟品质"：设置泡沫的仿真程度。

"随机植入"：设置泡沫的随机种子数。

5. 波形环境

该特效用于创造液体波纹效果。应用该特效会产生一个灰度位移图，可以为其应用

"焦散"或"颜色校正"特效,产生更加真实的水波效果,如图 8-17 所示。

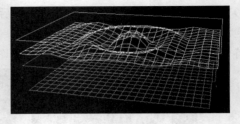

图 8-17 "波形环境"的两种显示方式

其参数面板如图 8-18 所示。

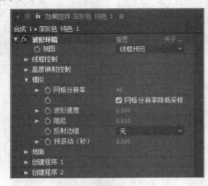

图 8-18 "波形环境"参数面板

(1)"视图":用于设置水波世界的显示方式。

(2)"线框控制"选项组:用于对线框的旋转、比例等参数进行设置。

(3)"高度映射控制"选项组:用于对灰度位移图的亮度、对比度、透明度等参数进行设置。

(4)"模拟"选项组:用于对波形速度、衰减、栅格分辨率等参数进行设置。

(5)"地面"选项组:用于对地面倾斜度、高度、波形强度等参数进行设置。

(6)"创建程序 1/创建程序 2"选项组:对发生器的位置、高度、宽度、角度、振幅、频率等参数进行设置。

6. 碎片

该特效可以使图像产生爆炸碎片分散的效果,如图 8-19 所示。

图 8-19 "碎片"示例

其参数面板如图 8-20 所示。

图 8-20 "碎片"参数面板

（1）"视图"：用于设置爆炸效果的显示方式。

（2）"渲染"：用于选择显示的目标对象。

（3）"形状"选项组：用于对碎片的图案、反复、方向、焦点、挤压深度等参数进行设置。

（4）"作用力 1/作用力 2"选项组：用于为目标图层设置爆炸的力场。

（5）"渐变"选项组：用于指定一个渐变层，来影响爆炸效果。

（6）"物理学"选项组：用于对爆炸的旋转速度、滚动轴、随机度、黏性、变量、重力等参数进行设置。

（7）"材质"选项组：对碎片的颜色、纹理贴图等参数进行设置。

其他选项组与"卡片动画"特效相应选项组功能基本相同，在此不再赘述。

8.4 第三方插件应用

After Effects CC 软件的第三方插件的安装通常有两种方式。第一种方式是，插件自带安装程序，运行安装程序即可安装；第二种方式是，插件是扩展名为". aex"的文件，将其直接复制到 After Effects CC 软件安装目录下的"Support Files"→"Plug-ins"文件夹下即可。

下面介绍两款由 TrapCode 公司推出的特效插件。

1. Shine

Shine 是 TrapCode 公司推出的一款光特效插件，如图 8-21 所示。

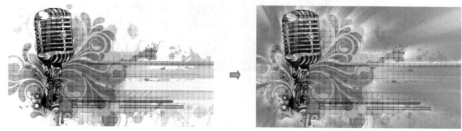

图 8-21 "Shine"示例

其参数面板如图 8-22 所示。

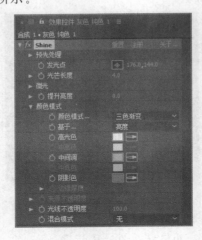

图 8-22 "Shine"参数面板

(1)"预先处理"选项组：预处理，用于设置"Shine"特效的作用区域、蒙版等参数。

"发光点"：是指发光的中心点，产生的光线以此为中心向四周发射。

"光芒长度"：用于设置光线长度。

(2)"微光"选项组：用于设置发光的细节、半径、相位等参数。

"提升亮度"：设置光线的强度。

(3)"颜色模式"选项组：用于设置光线的颜色。

"来源不透明度"：调节源素材的透明度。

"光线不透明度"：调节光线的透明度。

"混合模式"：设置光线与源素材的叠加方式。

2. Particular

Particular 是 TrapCode 公司推出的一款粒子特效插件，如图 8-23 所示。

图 8-23 "Particular"示例

其参数面板如图 8-24 所示。

(1)"Register(注册)"选项组：用于显示该特效的注册信息。

(2)"发射器"选项组：用于设置粒子发射器的参数。

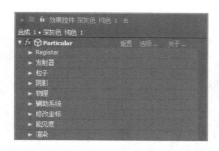

图 8-24 "Particular"参数面板

（3）"粒子"选项组：用于设置粒子的大小、透明度、颜色、透明度等参数。

（4）"阴影"选项组：为粒子设置阴影、光衰减、环境、漫反射等参数。

（5）"物理"选项组：用于设置粒子发射后的运动方式，设置重力、大气等参数。

（6）"辅助系统"选项组：其作用是发射器发射出的粒子又产生新的粒子，如制作烟花的拖尾效果等。

（7）"修改坐标"选项组：用于设置 X、Y、Z 轴方向的旋转、补偿参数。

（8）"能见度"选项组：该组参数与摄像机相关，用于设置粒子的可见方式，如远淡出、远开始淡出、附近开始淡出、附近消失等。

（9）"渲染"选项组：用于设置粒子的渲染方式。

8.5　实战训练 1：电影特效合成

本例通过跟踪运动技术，实现火焰与实拍素材的同步运动，其效果如图 8-25 所示。

图 8-25　电影特效合成效果

操作步骤：

1. 导入素材。打开 After Effects CC 软件，按"Ctrl＋I"组合键，打开"导入文件"对话框，将该案例的素材导入"项目"面板中。

2. 新建合成。在"项目"面板中选择"ENVIRONMENT［0000-0309］.jpg"素材，将其拖到"时间轴"面板中创建一个合成。用同样的方法，将"FIRE［0000-0100］.jpg"素材拖到"时间轴"面板中，按"Ctrl＋D"组合键两次，复制两层，并使这三层"FIRE［0000-0100］.jpg"素材首尾相接，如图 8-26 所示。

3. 合并图层。同时选择三层"FIRE［0000-0100］.jpg"，按"Ctrl＋Shift＋C"组合键，得到"预合成 1"，如图 8-27 所示。

实战训练 1
电影特效合成

图 8-26 新建合成(1)

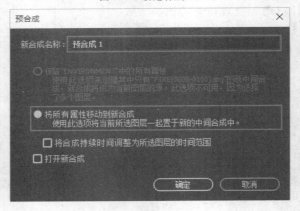

图 8-27 "预合成"设置

4.调整火素材。在"时间轴"面板中,选择"预合成 1"图层,选择工具栏中的"锚点工具"按钮,将锚点移动到火球底部的中心;并将"预合成 1"图层的"模式"设为"相加",缩小火球并移动到人物手托灯泡位置,如图 8-28 所示。

5.添加跟踪运动。选择"ENVIRONMENT[0000-0309].jpg"图层,执行"动画"→"跟踪运动"菜单命令,由于 ENVIRONMENT 素材中仅有人物位置的变化,没有旋转和缩放变化,所以在"跟踪器"面板中,只勾选"位置"属性即可,如图 8-29 所示。

6.调整范围框位置。在 0:00:00:00 帧位置,将"图层:ENVIRONMENT[0000-0309].jpg"窗口中的跟踪范围框移到人物手托灯泡位置,使跟踪点与灯泡中心对正,如图 8-30 所示。

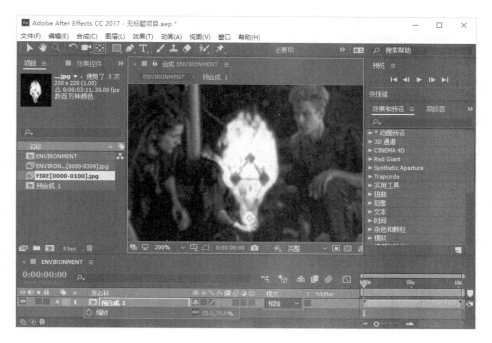

图 8-28 调整火素材

图 8-29 添加跟踪运动

7.设置跟踪选项。单击"跟踪器"面板中的按钮 选项... ,在弹出的"动态跟踪器选项"对话框中,设置"通道"为"明亮度"。

8.跟踪分析。单击"跟踪器"面板中的"向前分析"按钮▶开始跟踪分析。到 0:00:07:15 帧人物完全出屏后即可停止跟踪。跟踪完毕后,可以看到"图层:

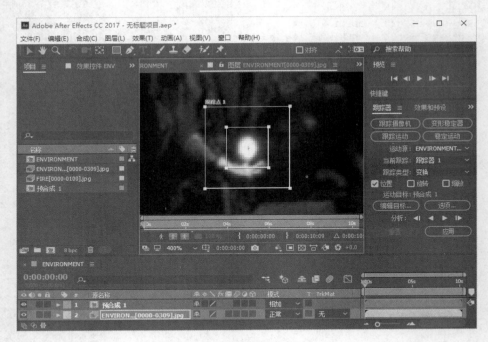

图 8-30　调整范围框位置

ENVIRONMENT[0000-0309].jpg"窗口中出现跟踪轨迹的关键帧,并且在跟踪对应属性上产生一系列的跟踪关键帧,如图 8-31 所示。

图 8-31　跟踪分析

9.将跟踪结果应用到"预合成 1"图层。在"跟踪器"面板中,单击"编辑目标"按钮 编辑目标... ,在弹出的"运动目标"对话框中,设置"将运动应用于"到"1.预合成 1"图层;在

"跟踪器"面板中,单击"应用"按钮,在"动态跟踪器应用选项"对话框中,设置"应用维度"为"X 和 Y",将跟踪结果应用到"预合成 1"图层。应用跟踪后,窗口自动切换回合成窗口,可以看到,"预合成 1"图层的"位置"属性自动被应用关键帧,如图 8-32 所示。

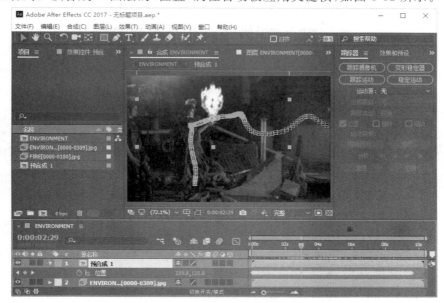

图 8-32　应用跟踪结果(1)

　　10.手动调节。到 0:00:07:06 帧人物手部移出画面后,需要手动调节,使火球保持与手的相对位置不变,直到火球完全移出画面后,删除后面多余的关键帧,完成跟踪过程,如图 8-33 所示。

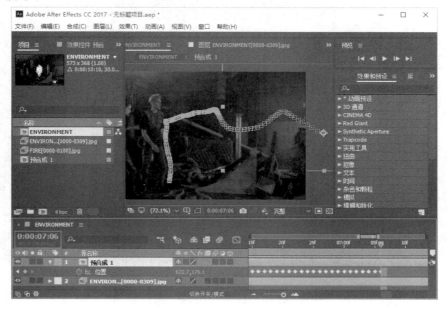

图 8-33　手动调节

11. 至此电影特效合成制作完成。执行"文件"→"保存"菜单命令,保存文件。

12. 渲染输出。执行"合成"→"添加到渲染队列"菜单命令,或按"Ctrl+M"组合键,打开"渲染队列"窗口,设置渲染参数,单击 渲染 按钮,输出视频。

8.6 实战训练 2:画面稳定跟踪

本例讲解利用稳定运动技术改善前期拍摄画面抖动现象的方法与技巧,效果如图 8-34 所示。

图 8-34 画面稳定跟踪效果

操作步骤:

1. 导入素材。打开 After Effects CC 软件,按"Ctrl+I"组合键,打开"导入文件"对话框,将该案例的素材导入"项目"面板中。

2. 新建合成。在"项目"面板中选择"震动.mov"素材,将其拖到"时间轴"面板中创建一个合成,如图 8-35 所示。

图 8-35 新建合成(2)

3. 添加稳定运动跟踪。选择"震动.mov"图层,在"跟踪器"面板中单击"稳定运动"按钮 稳定运动 ,添加稳定运动跟踪,如图 8-36 所示。

图 8-36 添加稳定运动跟踪

4. 调整范围框位置。在 0∶00∶00∶00 帧位置,将"图层∶震动. mov"窗口中的跟踪范围
框移到草尖位置,并与跟踪点对正,如图 8-37 所示。

图 8-37 调整范围框位置

5. 设置跟踪选项。单击"跟踪器"面板中的 选项… 按钮,在弹出的"动态跟踪器选
项"对话框中,设置"通道"为"明亮度"。

6.分析并应用跟踪。单击"跟踪器"面板中的"向前分析"按钮▶开始跟踪分析,单击"编辑目标…"按钮 编辑目标… ,设置跟踪目标为"震动.mov";单击"应用"按钮,应用跟踪后,窗口自动切换回合成窗口,如图 8-38 所示。

图 8-38 应用跟踪结果(2)

7.比例调整。在"时间轴"面板中,选择"震动.mov"图层,按 S 键,设置"缩放"为(110.0,110.0)%,如图 8-39 所示。

图 8-39 比例调整

8. 至此画面稳定跟踪制作完成。执行"文件"→"保存"菜单命令,保存文件。

9. 渲染输出。执行"合成"→"添加到渲染队列"菜单命令,或按"Ctrl+M"组合键,打开"渲染队列"窗口,设置渲染参数,单击 渲染 按钮,输出视频。

8.7 实战训练3:置换天空

本例通过两点跟踪技术,实现置换天空动画效果,如图 8-40 所示。

图 8-40 置换天空动画效果

操作步骤:

1. 新建合成。打开 After Effects CC 软件,在"项目"面板空白处双击鼠标左键,导入素材"sky.mov"和"sky.jpg"文件。在"项目"面板中选择导入的"sky.mov"素材,将其拖到"时间轴"面板中,用其创建一个合成。按"Ctrl+K"组合键打开"合成设置"对话框,设置"合成名称"为置换天空,如图 8-41 所示。

图 8-41 新建合成(3)

2. 抠除天空。在"时间轴"面板中选择"sky.mov"图层,按"Ctrl+D"组合键两次,复制两个图层。选择最上面的"sky.mov"图层,执行"效果"→"颜色校正"→"色光"命令,在"输出循环"选项组中设置"使用预设调板"为渐变灰色,如图 8-42 所示。

3. 在"色光"的输出循环的色轮上单击,依次添加"黑色"和"白色"颜色控制,调整颜色

图 8-42　添加"色光"特效

位置，如图 8-43 所示。

图 8-43　设置"色光"特效参数

4. 选择第 2 层的"sky. mov"，设置其"轨道遮罩"为"亮度反转遮罩"，以抠除天空，隐藏最下面的"sky. mov"图层，可以看到效果如图 8-44 所示。

5. 添加新的天空背景。在"项目"面板中选择"sky. jpg"素材，将其拖到"时间轴"面板

图 8-44　设置轨道遮罩

中,调整其大小和位置,将该图层置于上面两个"sky.mov"图层之下,按 T 键,打开"不透明度"属性,设置其值为 70%。将最下面的"sky.mov"图层显示出来,如图 8-45 所示。

图 8-45　添加新的天空背景

6.制作天空跟踪。选择"图层"→"新建"→"空对象"命令,新建一个空对象层"空 1"。选择图层 2,执行"动画"→"跟踪运动"命令,在"跟踪器"面板中勾选"位置"和"旋转"复选框,调整跟踪点的范围和位置,如图 8-46 所示。

图 8-46　添加跟踪运动

7.设置跟踪选项。单击"跟踪器"面板中的 选项... 按钮,在弹出的"动态跟踪器选项"对话框中设置"通道"为明亮度,如图 8-47 所示。

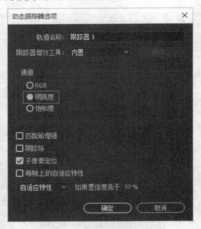

图 8-47　设置跟踪选项

8.分析并应用跟踪。在"时间轴"面板中将当前时间指示器移到 0:00:00:00 帧,单击"跟踪器"面板中的"向前分析"按钮 ▶ 开始分析,如图 8-48 所示。

9.在"跟踪器"面板中单击 编辑目标... 按钮,设置跟踪目标为"空 1"。在"跟踪器"面板中单击 应用 按钮,应用跟踪后,窗口自动切换回合成窗口。选择"sky.jpg"图层,继续调整其大小和位置,设置其"父级"为空 1,如图 8-49 所示。

图 8-48 跟踪分析

图 8-49 应用跟踪结果(3)

10. 调整图像边缘效果。选择"sky. mov"图层 2 和"sky. mov"图层 3,按"Ctrl+Shift+C"组合键,创建"预合成 1",如图 8-50 所示。

11. 选择"预合成 1"图层,执行"效果"→"遮罩"→"遮罩阻塞工具"命令,设置"几何柔和度 1"为 1.8,"阻塞 1"为 111,如图 8-51 所示。

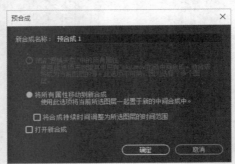

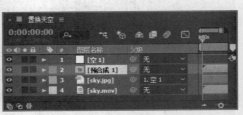

图 8-50　创建预合成

图 8-51　添加遮罩阻塞工具

12.给天空调色。选择"sky.jpg"图层,执行"效果"→"颜色校正"→"曲线"命令,选择"通道"为绿色,调整曲线,为天空增加些绿色;再次选择"通道"为红色,调整曲线,为天空增加些红色,如图 8-52 所示。

13.继续调整图像边缘效果。在"时间轴"面板中双击"预合成 1"图层,打开"预合成 1"合成,选择上面的"sky.mov"图层,在效果控件中继续调整"输出循环"中的颜色位置,增加半透明区域,使其与背景融合得更好,如图 8-53 所示。

14.在"时间轴"面板单击并返回"置换天空"合成,至此,置换天空动画制作完成。执行"文件"→"保存"菜单命令,保存文件。

15.渲染输出。执行"合成"→"添加到渲染队列"菜单命令,或按"Ctrl＋M"组合键,打开"渲染队列"窗口,设置渲染参数,单击 渲染 按钮,输出视频。

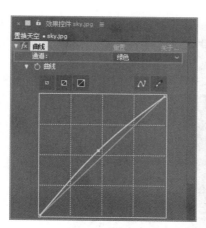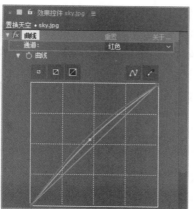

图 8-52　为天空调色

图 8-53　调整图像边缘效果

8.8　实战训练 4：雪花飘飘

本例通过使用粒子运动场模拟特效，实现雪花飘飘动画效果，如图 8-54 所示。

图 8-54　雪花飘飘动画效果

操作步骤：

1. 新建合成。打开 After Effects CC 软件，执行"合成"→"新建合成"菜单命令，打开"合成设置"对话框，设置参数，如图 8-55 所示。

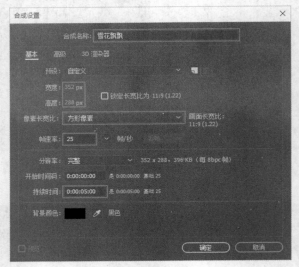

图 8-55　设置合成参数(1)

2. 导入素材。按"Ctrl＋I"组合键，打开"导入文件"对话框，将该案例的素材导入"项目"面板中。在"项目"面板中选择"下雪背景.jpg"素材，将其拖到"时间轴"面板中，如图 8-56 所示。

图 8-56　添加素材(1)

3.制作下雪效果。按"Ctrl＋Y"组合键,新建一个白色纯色层,命名为"雪花"。执行"效果"→"模拟"→"粒子运动场"菜单命令,如图 8-57 所示。

图 8-57　添加"粒子运动场"特效(1)

4.设置参数。在"时间轴"面板中选择"雪花"图层,在"效果控制台"面板中设置粒子"发射"和"重力"参数,如图 8-58 所示。

图 8-58　设置参数(1)

5.完善雪花效果。执行"效果"→"模糊和锐化"→"高斯模糊"菜单命令,设置"模糊度"为 3.0,如图 8-59 所示。

图 8-59 添加"高斯模糊"特效

6.至此雪花飘飘动画制作完成。执行"文件"→"保存"菜单命令,保存文件。

7.渲染输出。执行"合成"→"添加到渲染队列"菜单命令,或按"Ctrl＋M"组合键,打开"渲染队列"面板,设置渲染参数,单击 渲染 按钮,输出视频。

8.9 实战训练 5:七彩快乐音符

本例通过使用粒子运动场特效、颜色平衡(HLS)和音频波形特效,实现七彩快乐音符动画,效果如图 8-60 所示。

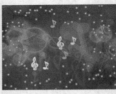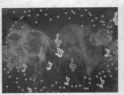

图 8-60 七彩快乐音符效果

操作步骤:

1.导入素材。打开 After Effects CC 软件,按"Ctrl＋I"组合键,打开"导入文件"对话框,将该案例的素材导入"项目"面板中。

2.新建"音符 1.png"合成。在"项目"面板中选择"音符 1.png"素材,将其拖到"时间轴"面板中创建一个合成,按"Ctrl＋K"组合键,打开"合成设置"对话框,设置"持续时间"为 25 秒 10 帧,如图 8-61 所示。

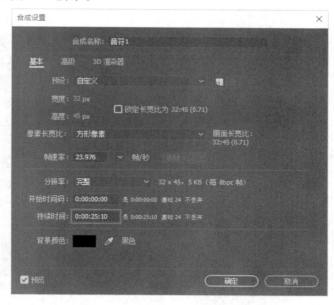

图 8-61 新建合成

3.添加特效。执行"效果"→"颜色校正"→"颜色平衡(HLS)"菜单命令,将当前时间指示器移动到 0:00:00:00 帧,激活"色相"属性前面的"时间变化秒表"按钮 ,记录动画;按"End"键将时间指示器移动到末帧,设置"色相"为 8x＋0.0°,如图 8-62 所示。

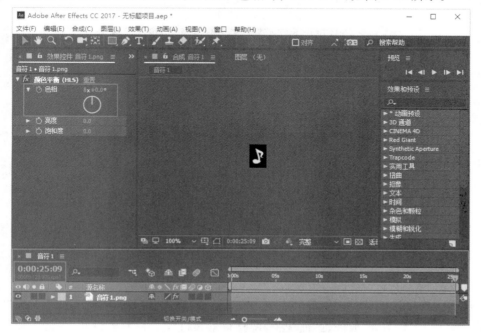

图 8-62 添加"颜色平衡(HLS)"特效

4.用同样的方法,制作"音符 2. png"合成,添加"颜色平衡(HLS)"特效,并设置其"色相"属性关键帧动画,在末帧,设置"色相"为 $10x+0.0°$,如图 8-63 所示。

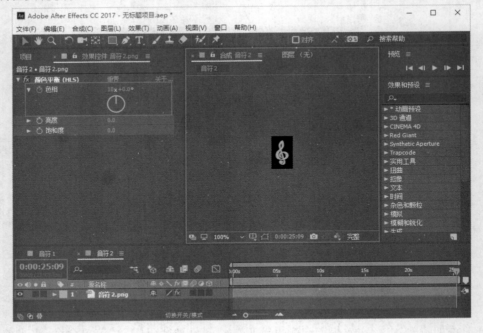

图 8-63　"音符 2. png"合成

5.新建"七彩快乐音符"合成。执行"合成"→"新建合成"菜单命令,打开"合成设置"对话框,设置参数,如图 8-64 所示。

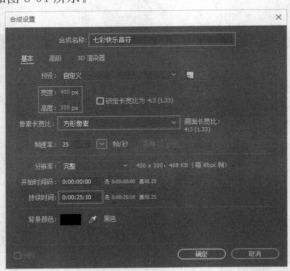

图 8-64　"七彩快乐音符"合成

6.添加素材。在"项目"面板中选择"背景. jpg""动感音乐. mp3""音符 1. png""音符 2. png"合成,将其拖到"时间轴"面板中,调整背景素材大小和不透明度,并将其他素材置于"背景. jpg"图层之下,如图 8-65 所示。

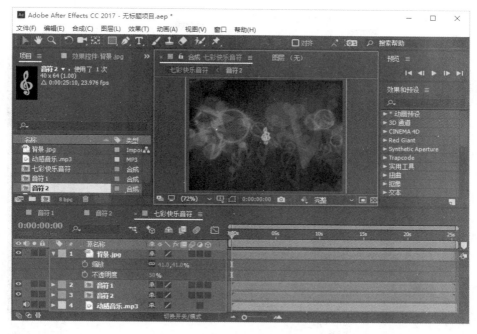

图 8-65　添加素材（2）

7. 制作音乐波形图效果。按"Ctrl＋Y"组合键，新建一个黑色纯色层，取名为"波形"。执行"效果"→"生成"→"音频波形"菜单命令，使用"椭圆工具"为其添加一个路径蒙版，设置参数，如图 8-66 所示。

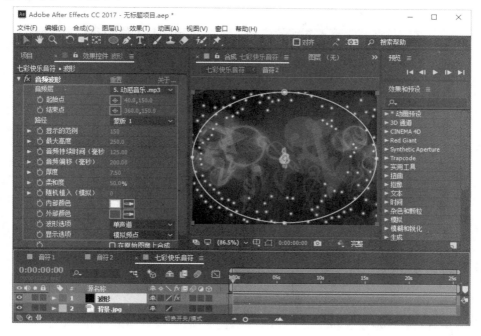

图 8-66　制作音乐波形图效果

8. 制作七彩音符 1 动画。按"Ctrl＋Y"组合键，新建一个纯色层，取名为"音符"。执行"效果"→"模拟"→"粒子运动场"菜单命令,如图 8-67 所示。

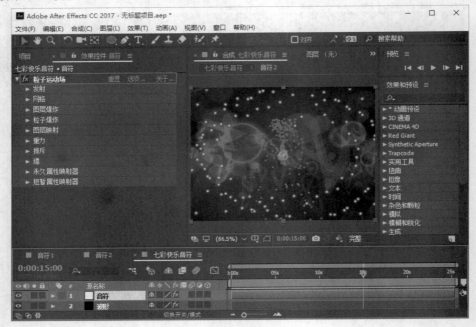

图 8-67　添加"粒子运动场"特效(2)

9.设置参数。在"时间轴"面板中选择"音符"图层,在"效果控制台"面板中设置粒子"发射"、"图层映射"和"重力"参数,如图 8-68 所示。

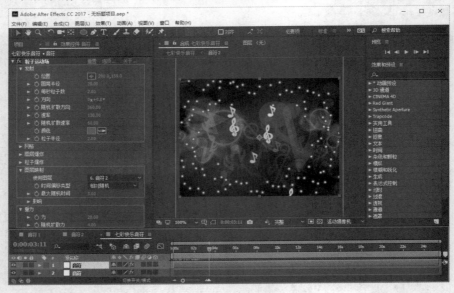

图 8-68　设置参数(2)

10.用音符替换粒子。单击展开"图层映射"选项组,设置参数,并隐藏"音符 1"和"音符 2"图层,如图 8-69 所示。

11.制作七彩音符 2 动画。选择"音符"图层,按"Ctrl＋D"组合键,复制一层,适当调

图 8-69　用音符替换粒子

整其"发射""重力"参数,设置"图层映射"选项组中的"使用图层"参数为"6.音符 2",如图 8-70 所示。

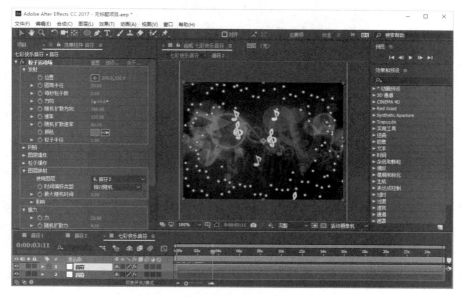

图 8-70　七彩音符 2 动画

12.至此七彩快乐音符动画制作完成。执行"文件"→"保存"菜单命令,保存文件。

13.渲染输出。执行"合成"→"添加到渲染队列"菜单命令,或按"Ctrl＋M"组合键,打开"渲染队列"窗口,设置渲染参数,单击 渲染 按钮,输出视频。

8.10 实战训练 6：绚丽的烟花

本例通过使用"Particular"粒子特效，实现绚丽的烟花动画，效果如图 8-71 所示。

图 8-71 绚丽的烟花效果

操作步骤：

1. 新建合成。打开 After Effects CC 软件，执行"合成"→"新建合成"菜单命令，打开"合成设置"对话框，设置参数，如图 8-72 所示。

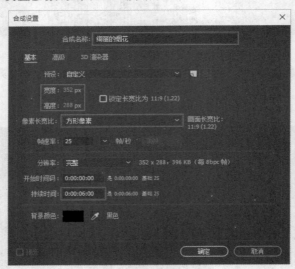

图 8-72 设置合成参数（2）

2. 导入素材。按"Ctrl＋I"组合键，打开"导入文件"对话框，将该案例的素材导入"项目"面板中。在"项目"面板中选择"背景.jpg"素材，将其拖到"时间轴"面板中，按"Ctrl＋Alt＋F"组合键，使素材大小适配合成大小。

3. 制作烟花动画。按"Ctrl＋Y"组合键，新建一个黑色纯色层，命名为"烟花 01"。执行"效果"→"Trapcode"→"Particular"菜单命令，如图 8-73 所示。

4. 设置"发射器"参数。在"效果控制台"面板中单击展开"发射器"选项组，设置"速度"为 300.0；"随机速度"为 0.0；"速度跟随运动"为 20.0，如图 8-74 所示。

图 8-73　添加粒子特效

图 8-74　设置"发射器"参数

5.设置"粒子"参数。单击展开"粒子"选项组,设置"生命［秒］"为 3.0;"生命随机［％］"为 4;"粒子类型"为"球形加强〈无深景〉";"球状羽化"为 0.0;"大小"为 3.0;"颜色"为浅红色 RGB(255,60,60),其他参数设置如图 8-75 所示。

图 8-75　设置"粒子"参数

6. 设置"物理"参数。单击展开"物理"选项组，设置"重力"为 60.0，使粒子产生向下的重力效果；单击展开"空气运动路径"选项组，设置"空气阻力"为 2.8，如图 8-76 所示。

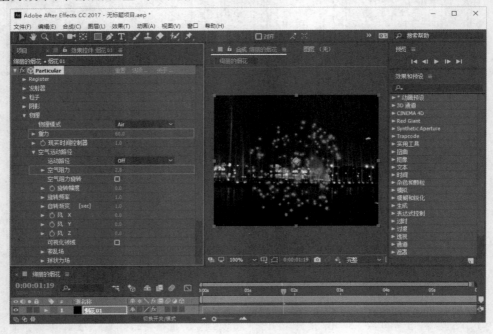

图 8-76　设置"物理"参数

7.设置"辅助系统"参数。单击展开"辅助系统"选项组,设置"发射"为"不断";"Color over Life"为红色,"从主粒子控制"选项组中的"停止发射[％ of Life]"为 30,其他参数如图 8-77 所示。

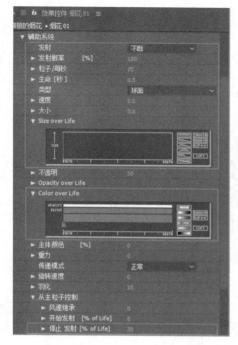

图 8-77　设置"辅助系统"参数

8.复制烟花图层。在"时间轴"面板中选择"烟花 01"图层,按"Ctrl＋D"组合键两次,复制两次并重命名为"烟花 02""烟花 03",暂时隐藏这两层。

9.制作烟花绽放动画。选择"烟花 01"图层,将当前时间指示器移动到 0:00:00:00 帧,在"效果控制台"面板中,激活"发射器"选项组"粒子/每秒"属性前面的"时间变化秒表"按钮,记录动画,并设置其值为 3000;将当前时间指示器移动到 0:00:00:13 帧,设置其值为 0。拖动时间指示器或是播放动画,可以清楚地看到烟花绽放的效果,如图 8-78 所示。

10.制作"烟花 02"动画。在"时间轴"面板中选择"烟花 02"图层,将当前时间指示器移动到 0:00:01:00 帧,设置"粒子/每秒"为 0,并激活该属性前面的"时间变化秒表"按钮,记录动画;将当前时间指示器移动到 0:00:01:01 帧,设置其值为 5000;将当前时间指示器移动到 0:00:01:02 帧,设置其值为 0。单击展开"粒子"选项组,设置"颜色"为浅黄色 RGB(255,255,120);单击展开"辅助系统"选项组,设置"Color over Life"为黄色 RGB (255,255,0),适当调整烟花 02 的位置及大小,"烟花 02"在第 0:00:01:18 帧时的效果如图 8-79 所示。

11.用同样方法,对"烟花 03"图层在第 2 秒 19 帧的位置制作烟花绽放效果,设置自己喜欢的颜色,并调整位置及大小,如图 8-80 所示。

12.至此绚丽的烟花效果制作完成。执行"文件"→"保存"菜单命令,保存文件。

图 8-78　制作烟花绽放动画

图 8-79　制作"烟花 02"动画

13.渲染输出。执行"合成"→"添加到渲染队列"菜单命令,或按"Ctrl＋M"组合键,打开"渲染队列"窗口,设置渲染参数,单击 渲染 按钮,输出视频。

图 8-80　制作"烟花 03"动画

8.11　本章小结

本章主要讲解了运动跟踪技术在动画合成中的应用方法与技巧、音频波形与音频频谱特效的功能及使用方法、模拟特效的功能及使用方法以及第三方插件的安装与使用方法四个方面的知识。六个案例针对以上四个方面的知识进行了应用,通过实践训练,要求能够达到举一反三,触类旁通的目标,进而能够灵活应用到影片后期合成与特效制作中。

8.12　习　题

一、填空题

1.在设置运动跟踪时,合成中至少要有两个图层,一个为＿＿＿＿＿＿图层,即源跟踪层,另一个为＿＿＿＿＿＿图层,即运动跟踪应用层。

2.跟踪范围框由两个方框和一个十字线组成。其中,十字线是＿＿＿＿＿＿;里面的方框是＿＿＿＿＿＿;外面的方框是＿＿＿＿＿＿。

3.＿＿＿＿＿＿特效可以利用声音文件,以波形振幅方式显示在图像上,并可通过自定义路径修改声波的显示方式,形成丰富多彩的声波效果。

4.＿＿＿＿＿＿特效可以模拟水中反射和折射的自然现象。

5.＿＿＿＿＿＿特效用于创造液体波纹效果。

二、不定项选择题

1. 下面不是 After Effects CC 软件中变换跟踪类型的是（　　　）。

A. 缩放　　　　　　B. 旋转　　　　　　C. 锚点　　　　　　D. 位置

2. 下面是 After Effects CC 软件的跟踪类型的是（　　　）。

A. 稳定　　　　　　B. 平行边角定位　　C. 变换　　　　　　D. 透视边角定位

3. 在 After Effects CC 里，对于音频频谱和音频波形的使用方法描述准确的是（　　　）。

A. 可以对音频层直接施加这两个特效

B. 可以对纯色层施加这两个特效，并在音频层中指定用于处理的音频层

C. 图形化的音频频谱或音频波形可以沿层的路径显示

D. 图形化的音频频谱或音频波形可以与其他层叠加显示

4. 下列特效中，可以根据指定图层的特征分割画面，产生卡片翻转效果的是（　　　）。

A. 焦散　　　　　　B. 卡片动画　　　　C. 粒子运动场　　　D. 泡沫

第二篇　项目实践

　　本篇以综合实例的方式分别详细介绍了电视栏目片头创作、影视广告片创作、影视宣传片创作的具体制作过程，极具参考价值，可以使读者畅游在美妙的影视后期世界里，并在不断的深入学习中提高实战技能。

第9章

电视栏目片头创作
——《财经报道》栏目片头

●本章教学目标

1. 了解片头的各种表现形式及理论,熟悉片头动画制作步骤和规范;
2. 熟悉 3D Stroke 等插件的使用方法,蒙版、文字等动画技术的应用;(重点)
3. 掌握常用校色命令的应用;(重点)
4. 掌握各种特效的综合应用及片头动画合成方法。(难点)

9.1 电视栏目片头概述

电视栏目片头是集科技、文化、艺术于一体的一门专业传播艺术,它的制作水平、艺术水准受制作人本身的素质、修养,客观文化背景及制作技术的发展等多重因素影响,其美感与震撼效果也随着社会经济文化的不断进步,人们审美时尚的不断变化,而呈现出丰富多样的表现形式。自出现电视这一传播媒体以来,栏目片头便成为电视制作人始终关心的内容。

电视栏目片头概述

9.2 创意与展示

9.2.1 任务创意描述

本栏目是《财经报道》栏目片头。片头中应用"分形噪波"特效创建云雾背景,添加文字动画来修饰背景,应用"CC Lens"特效创建透镜效果,增强纵深感。

9.2.2 任务效果展示

任务效果如图 9-1 所示。

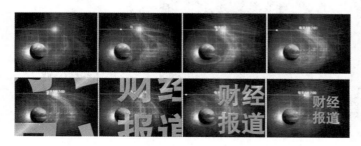

创意与展示

图 9-1 《财经报道》栏目片头效果

9.3 任务实现

9.3.1 背景合成的制作

1.新建合成。打开 After Effects CC 软件,执行"合成"→"新建合成"菜单命令,打开"合成设置"对话框,设置参数,如图 9-2 所示。

2.新建纯色层。按"Ctrl+Y"组合键,新建一个蓝色的 RGB(29,66,104)纯色层,命名为"bg01",其他参数设置如图 9-3 所示。

图 9-2 设置合成参数(1)

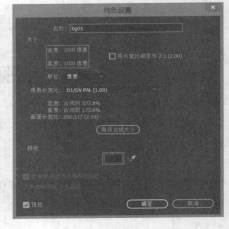

图 9-3 设置纯色层参数(1)

3.添加"分形杂色"特效。选中"bg01"图层,执行"效果"→"杂色和颗粒"→"分形杂色"菜单命令,在"效果控制台"面板中设置参数,参数和效果如图 9-4 所示。

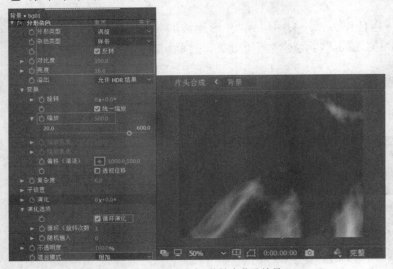

背景合成的制作

图 9-4 设置"分形杂色"特效参数及效果(1)

4.设置分形杂色动画。将时间指示器移动到 0：00：00：00 帧，激活"演化"前"时间变化秒表" 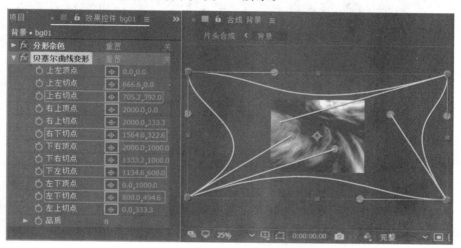，记录动画；将当前时间指示器移动到 0：00：10：00 帧，设置"演化"为 1x＋0.0°。

5.添加"贝赛尔曲线变形"特效。选择"bg01"图层，执行"效果"→"扭曲"→"贝赛尔曲线变形"菜单命令，设置参数和效果如图 9-5 所示。

图 9-5　设置"贝赛尔曲线变形"特效参数和效果

6.新建纯色层。按"Ctrl＋Y"组合键，新建一个蓝色的 RGB(29,54,104)纯色层，名为"bg02"，其他参数设置如图 9-6 所示。

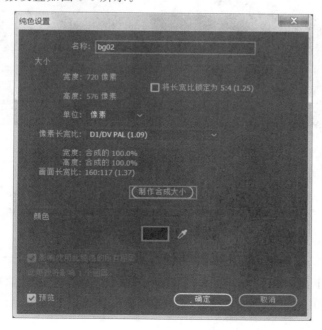

图 9-6　设置纯色层参数(2)

7.选择"bg02"图层,执行"效果"→"生成"→"梯度渐变"菜单命令,在"效果控制台"面板中设置"起始颜色"为 RGB(0,28,62),"结束颜色"为 RGB(1,134,228),其他参数设置如图 9-7 所示,为图层添加"梯度渐变"特效。

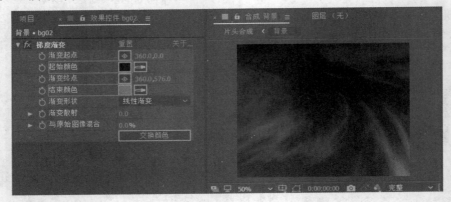

图 9-7 设置"梯度渐变"特效参数及效果

8.添加"百叶窗"特效。执行"效果"→"过渡"→"百叶窗"菜单命令,设置参数和效果如图 9-8 所示。

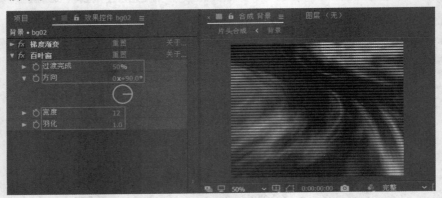

图 9-8 设置"百叶窗"特效参数及效果

9.新建纯色层。按"Ctrl+Y"组合键,新建一个蓝色的 RGB(23,63,118)纯色层,名为"bg03"。

10.添加"分形杂色"特效。复制"bg01"图层的"分形杂色"特效,并粘贴到"bg03"图层,修改参数和效果如图 9-9 所示,并设置图层的叠加模式为"点光"。

11.为所有图层添加"色相/饱和度"特效。执行"图层"→"新建"→"调整图层"菜单命令,在三个图层上面创建一个调整图层。然后,执行"效果"→"颜色校正"→"色相/饱和度"菜单命令,为图层添加"色相/饱和度"特效,参数设置及效果如图 9-10 所示。

12.至此背景制作完成,效果如图 9-11 所示。

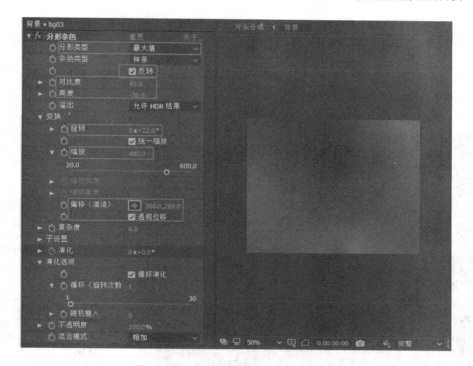

图 9-9　设置"分形杂色"特效参数及效果(2)

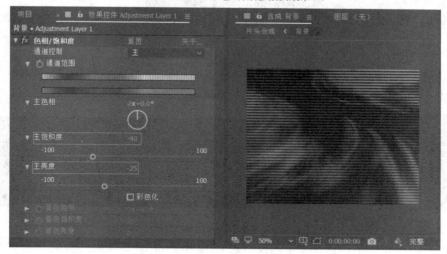

图 9-10　设置"色相/饱和度"特效参数及效果

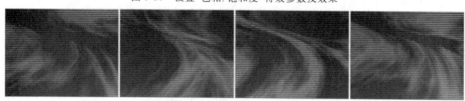

图 9-11　背景效果

9.3.2 字符运动合成的制作

1. 新建"字符运动"合成。执行"合成"→"新建合成"菜单命令，打开"合成设置"对话框，设置参数，如图 9-12 所示。

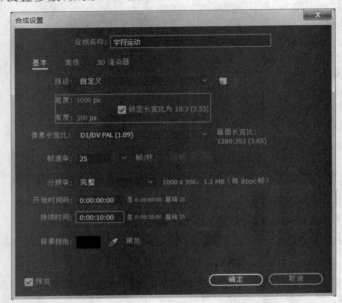

字符运动合成的制作

图 9-12 设置合成参数(2)

2. 创建文本。执行工具栏中的"横排文字工具"按钮**T**，在合成窗口中单击，然后随机输入约 30 个字符，再复制两次，颜色为 RGB(35,57,65)，如图 9-13 所示。

图 9-13 创建文本

3. 设置位置和大小。选择文字图层，按"P"键和"Shift＋S"组合键，展开位置和缩放属性，设置位置和大小如图 9-14 所示。

图 9-14 设置位置和大小

4. 制作文字动画。在"时间轴"面板中，展开文字图层，然后单击文字图层右侧的 **动画：** 右侧的 **按钮**，在弹出的菜单中选择"位置"命令，设置位置为(－500.0,0.0)；展开

"范围选择器 1",将时间指示器移动到 0:00:00:00 帧,设置"偏移"为－100％,激活"偏移"属性前面的"时间变化秒表"按钮；将当前时间指示器移动到 0:00:10:00 帧,设置"偏移"为 100％；单击"动画制作工具 1"选项右侧的 添加:◉ 上的 ◉ 按钮,在弹出的菜单中,选择"选择器"→"摆动"菜单命令,完成文字动画。至此,时间轴效果如图 9-15 所示。

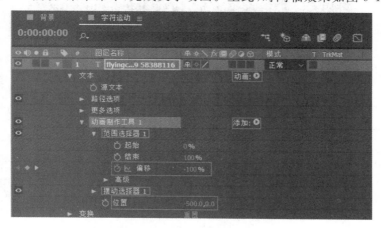

图 9-15　时间轴效果

5.复制文字图层。选择文字图层,按"Ctrl＋D"组合键三次,分别调整这四个图层的位置和大小,如图 9-16 所示。

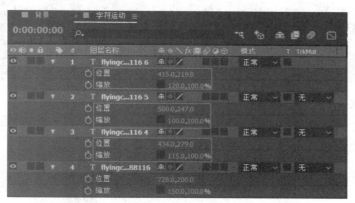

图 9-16　设置文字图层的位置和缩放属性

6.至此,文字图层动画制作完成。

9.3.3　装饰线合成的制作

装饰线合成的制作

1.新建"装饰线"合成。执行"合成"→"新建合成"菜单命令,打开"合成设置"对话框,设置参数,如图 9-17 所示。

2.新建纯色层。按"Ctrl＋Y"组合键,新建一个红色的 RGB(130,0,0)纯色层。

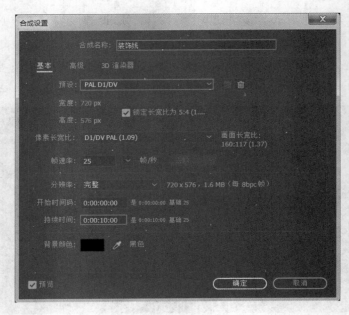

图 9-17 设置合成参数(3)

3.调整图层位置和大小。选择纯色层,按"P"键和"Shift＋S"组合键,展开位置和缩放属性,设置位置和大小如图 9-18 所示。

图 9-18 设置纯色层的位置和大小

4.制作 3D Stroke 效果。新建一个白色纯色层,单击工具栏中的"钢笔工具"按钮,参照红色线条绘制一条路径,如图 9-19 所示。

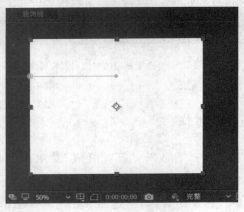

图 9-19 绘制路径

5.添加"3D Stroke"特效。选择白色纯色层,执行"效果"→"Trapcode"→"3D Stroke"菜单命令,添加"3D Stroke"特效。设置"厚度"为8.0,"羽化"为50.0,"末"为5.0,勾选"循环"复选框;展开"锥度"选项组,勾选"启用"复选框,参数设置及效果如图9-20所示。

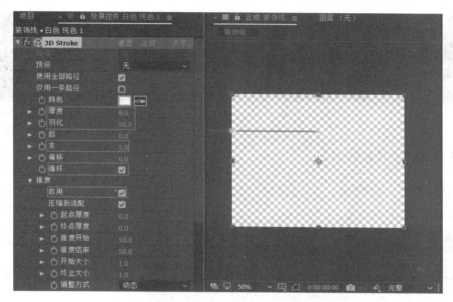

图 9-20　设置"3D Stroke"特效参数及效果

6.制作 3D Stroke 动画。将时间指示器移动到 0:00:00:00 帧,设置"偏移"为－15.0,激活"偏移"属性前面的"时间变化秒表"按钮；将当前时间指示器移动到 0:00:10:00 帧,设置"偏移"为 295.0。

7.制作镜头光晕效果。新建一个黑色纯色层,执行"效果"→"生成"→"镜头光晕"菜单命令,添加"镜头光晕"特效。设置参数和效果如图9-21所示。

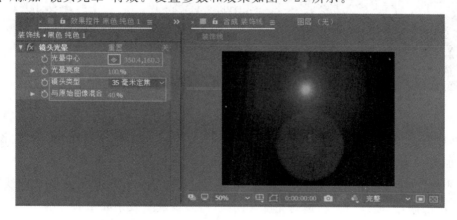

图 9-21　设置"镜头光晕"特效参数及效果

8.制作镜头光晕动画。将时间指示器移动到 0:00:03:15 帧,设置"光晕亮度"为 0,

激活"光晕亮度"属性前面的"时间变化秒表"按钮 ；将时间指示器移到 0:00:04:00 帧，设置"光晕亮度"为 100%；将时间指示器移到 0:00:04:10 帧的位置，设置"光晕亮度"为 0。并设置图层的叠加模式为"相加"。

9. 至此，装饰线合成制作完成，效果如图 9-22 所示。

图 9-22 装饰线效果

9.3.4 总合成的制作

1. 新建合成。执行"合成"→"新建合成"菜单命令，打开"合成设置"对话框，命名为"片头合成"，如图 9-23 所示。

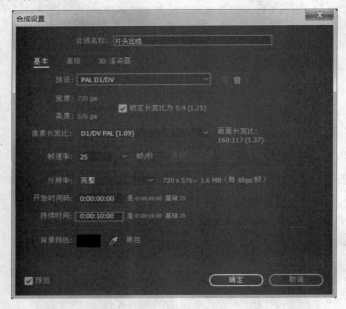

总合成的制作

图 9-23 设置合成参数(4)

2. 将"背景"和"字符运动"合成拖到"时间轴"面板中。选择"字符运动"图层，设置图层的叠加模式为"经典颜色减淡"，"时间轴"面板及效果如图 9-24 所示。

3. 添加"曲线"特效。选择"字符运动"图层，执行"效果"→"颜色校正"→"曲线"菜单命令，为图层添加"曲线"特效，提高亮度，"曲线"特效参数及效果如图 9-25 所示。

图 9-24　"时间轴"面板及效果(1)

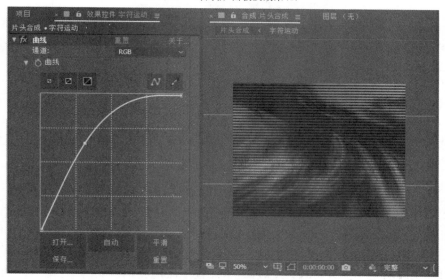

图 9-25　"曲线"特效参数及效果

4.复制图层。选择"字符运动"图层,按"Ctrl＋D"组合键,复制一层。选择复制的图层,按"P"键,展开"位置"属性,设置位置为(300.0,0.0),效果如图 9-26 所示。

图 9-26　"时间轴"面板及效果(2)

5.制作网格。新建一个黑色纯色层,命名为"网格"。选择"网格"图层,执行"效果"→"生成"→"网格"菜单命令,为图层添加"网格"特效,设置该图层的叠加模式为"相加","不透明度"为 15％,时间轴及效果如图 9-27 所示。

6.新建一个调整图层,执行"效果"→"扭曲"→"CC Lens"菜单命令,为图层添加 CC Lens 特效。设置"Size(大小)"为 125.0,"Convergence"为 70.0,设置参数及效果如图 9-28 所示。

图 9-27　"时间轴"面板及效果(3)

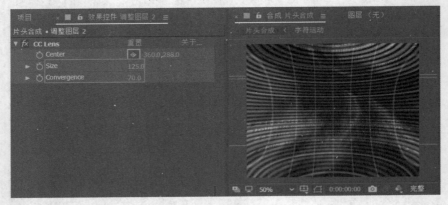

图 9-28　设置"CC Lens"特效的参数及效果

7. 制作遮幅。新建一个黑色纯色层,命名为"遮幅",绘制一个椭圆形蒙版,勾选"反转",设置"蒙版羽化"为(240.0,240.0)像素,设置图层的叠加模式为"变暗",时间轴及效果如图 9-29 所示。

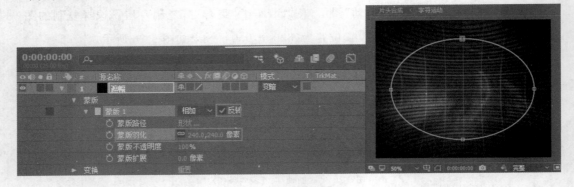

图 9-29　设置蒙版属性(1)

8. 制作光晕。新建一个黑色纯色层,命名为"光晕"。选择纯色层,执行"效果"→"生成"→"镜头光晕"菜单命令,添加"镜头光晕"特效,设置参数及效果如图 9-30 所示,并设置图层的叠加模式为"相加"。

9. 绘制蒙版。选择纯色层,绘制一个圆形蒙版,勾选"反转",设置"蒙版羽化"为(15.0,15.0)像素,调整光斑中心点在圆形蒙版上,时间轴及效果如图 9-31 所示。

10. 添加"CC Radial Blur"特效。选择"光晕"图层,执行"效果"→"模糊和锐化"→"CC Radial Blur"菜单命令,添加"CC Radial Blur"特效,设置"Amount"为 30.0,

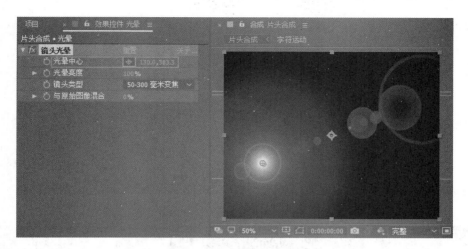

图 9-30　设置"镜头光晕"特效的参数及效果

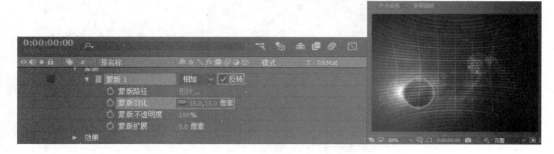

图 9-31　设置蒙版属性(2)

"Quality"为 75.0,其他参数及效果如图 9-32 所示。

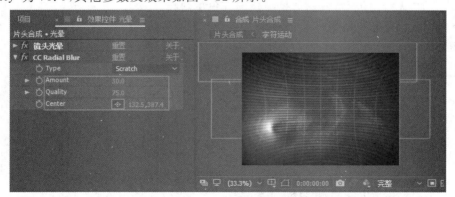

图 9-32　设置"CC Radial Blur"特效的参数及效果

11.添加"色相/饱和度"特效。选择"光晕"图层,执行"效果"→"颜色校正"→"色相/饱和度"菜单命令,为图层添加"色相/饱和度"特效。勾选"彩色化",设置"着色色相"为 0x—90.0°,"着色饱和度"为 12,参数设置及效果如图 9-33 所示。

12.制作光波效果。新建一个黑色纯色层,命名为"光波"。选择纯色层,将其转换为三维图层,设置位置、旋转和不透明度属性,效果如图 9-34 所示。

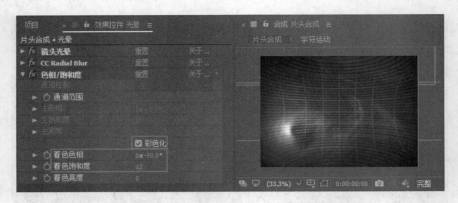

图 9-33 设置"色相/饱和度"特效的参数及效果

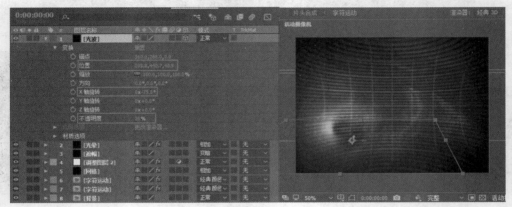

图 9-34 设置位置、旋转和不透明度属性

13. 添加"无线电波"特效。选择新建的纯色层，执行"效果"→"生成"→"无线电波"菜单命令，添加无线电波特效。设置参数及效果如图 9-35 所示。设置图层的叠加模式为"屏幕"。

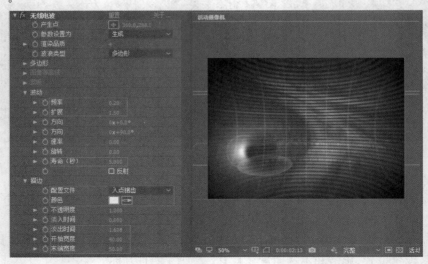

图 9-35 设置"无线电波"特效的参数及效果

14.导入素材。按"Ctrl＋I"组合键,导入"bg.jpg"素材,将其拖到"时间轴"面板中。选择"bg.jpg"图层,执行"效果"→"颜色校正"→"色相/饱和度"菜单命令,为图层添加"色相/饱和度"特效。勾选"彩色化",设置"着色色相"为 0x－145.0°,"着色饱和度"为 25。

15.添加"CC Sphere"特效。选择"bg.jpg"图层,执行"效果"→"透视"→"CC Sphere"菜单命令,为图层添加"CC Sphere"特效。设置"Radius"为 80.0,"Light Direction"为 0x＋40.0°,并调整球的位置,设置参数及效果如图 9-36 所示。

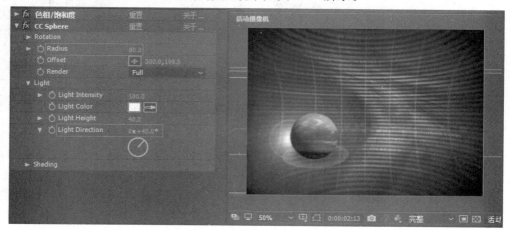

图 9-36　设置"CC Sphere"特效的参数及效果

16.设置球的旋转动画。打开"CC Sphere"特效中的"Rotation"选项,将时间指示器移动到 0:00:00:00 帧,设置"Rotation Y"为 35.0,激活"Rotation Y"属性前面的"时间变化秒表"按钮;将时间指示器移动到 0:00:10:00 帧,设置"Rotation Y"为－90.0。

17.将"装饰线"合成拖动到"时间轴"面板中,并设置图层的叠加模式为"相加"。然后单击工具栏中的"横排文字工具"按钮,在合成窗口中单击,然后输入文字"每天AM 7:00",选择合适的字体、字号,调整位置,如图 9-37 所示。

18.添加"发光"特效。选择文字图层,执行"效果"→"风格化"→"发光"菜单命令,为图层添加"发光"特效。设置"发光阈值"为 30%。

19.制作文字动画。在"时间轴"面板中,展开文字图层,然后单击文字图层右侧的动画 右侧的按钮,在弹出的菜单中选择"不透明度"命令,在文字图层列表选项中,出现了一个"动画制作工具 1"选项组,通过该选项组可以进行随机透明动画的制作。首先将该选项组下的"不透明度"值设置为 0,以便制作透明动画。

20.确保时间指示器处于 0:00:00:00 帧的位置,展开"动画制作工具 1"选项组中的"范围选择器 1"选项,激活"起始"左侧的"时间变化秒表"按钮,添加一个关键帧,并设置开始值为 0;拖动时间指示器到 0:00:02:12 帧,设置开始值为 100%,系统自动在该处创建一个关键帧。设置该图层入点为 2 秒,文字动画制作完成。

21.创建文本。单击工具栏中的"横排文字工具"按钮,在合成窗口中单击,然后输入文字"财经报道",选择合适的字体、字号,调整位置,并将该图层转换为三维图层,如图 9-38 所示。

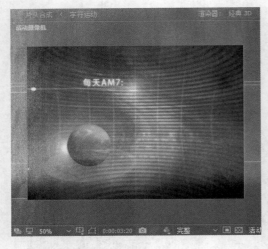

图 9-37　创建文本(1)

图 9-38　创建文本(2)

22.添加"斜面 Alpha"特效。选择文字图层,执行"效果"→"透视"→"斜面 Alpha"菜单命令,为图层添加"斜面 Alpha"特效。设置"边缘厚度"为 3.0。

23.添加"投影"特效。执行"效果"→"透视"→"投影"菜单命令,为图层添加"投影"特效。设置"距离"为 12.0,"柔和度"为 8.0。

24.添加"CC Light Sweep"特效。执行"效果"→"生成"→"CC Light Sweep"菜单命令,为图层添加"CC Light Sweep"特效。设置"Direction"为 0x+50.0°,"Width"为 40.0。设置该图层的入点为 6 秒。

25.设置"CC Light Sweep"特效动画。将时间指示器移动到 0:00:06:00 帧,激活"Center"属性前面的"时间变化秒表"按钮,将中心点拖到文字的左上角;将时间指示器移动到 0:00:10:00 帧的位置,将中心点拖到文字的右下角,创建扫光动画。

26.制作文字动画。按"P"键,打开位置属性,将时间指示器移动到 0:00:08:00 帧,激活"位置"属性前面的"时间变化秒表"按钮;将时间指示器移到 0:00:06:00 帧,调整文字位置,使文字从中央出画,效果如图 9-39 所示。

图 9-39　文字动画效果

27.新建调整图层。在"装饰线"图层上创建一个调整图层,命名为"柔光"。为调整图层添加"快速模糊"特效。执行"效果"→"过时"→"快速模糊"菜单命令,设置"模糊度"为 7,并设置图层的叠加模式为"叠加"。最终"时间轴"面板如图 9-40 所示。

28.至此,总合成制作完成,效果如图 9-41 所示。

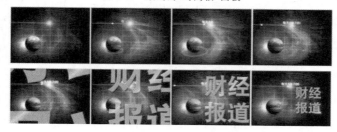

图 9-40　最终的"时间轴"面板

图 9-41　总合成效果

9.4　本章小结

　　本项目中综合运用到了渐变特效、Trapcode 中的 3D Stroke 特效、常用的颜色校正特效、分形杂色、CC Lens 特效、百叶窗特效、无线电波、CC Radial Blur、CC Sphere 特效、发光特效、斜面 Alpha、CC Light Sweep 特效等特效，应注意掌握这些特效对片头表现起到的作用，以融会贯通，灵活运用到自己的创作中。

第10章

影视广告片创作
——《墨香四溢·当代杰出书画作品展》广告片

● 本章教学目标

1. 掌握使用"分形杂色""色阶""曲线"等特效,制作变幻纹理动画的方法;(重点)

2. 掌握"复合模糊""置换图""径向模糊"等特效的使用方法与技巧;(重点)

3. 掌握使用"查找边缘""色相/饱和度""色阶""高斯模糊"等特效制作水墨效果的方法与技巧;(重点)

4. 掌握"Keylight(1.2)"抠像特效在合成中的使用方法与技巧;(重点)

5. 掌握各种特效及图层模式在影视广告片创作中的应用方法与技巧。(难点)

10.1 影视广告片概述

影视广告片是覆盖面最广的大众传播媒体之一,具有即时传达远距离信息的媒体特性,能具体而准确地传达吸引受众的意图。传播的信息容易达到受众的共识,容易被各个年龄段的人接受,接受频率高。

1. 影视广告片的特点

影视广告在表现形式上,吸收了装潢、绘画、雕塑、音乐、舞蹈、电影、文学艺术等的特点,运用影视艺术形象思维的方法,使商品更富于感染力、号召力。

影视广告按自身的性质而言,它是商品信息的传递,但在表现形式上又与其他种类的广告不同,它是以艺术的手段来制作的。因此说,影视广告是科学的信息传递,又是利用艺术手法来表现的。

从广告的内涵来看,艺术要赋予高度的想象力,既在情理之中,又在意料之外。但广告片绝不能用荒诞的办法来耍噱头,而是要以策划为主体、创意为中心,先研究商品,研究观众的心理,研究目标对象(哪些人看、文化层次怎样、市场情况如何),抓住广告的主题,有创意、有表现手段,同时,广告要开门见山。

2. 影视广告片的结构形式

（1）以商品形象为主，与解说及音乐相结合的结构形式。

（2）以模特演示为主，与商品特点和解说、音乐相结合的结构形式。

（3）以人物、情节为主，与商品特点、解说、音乐相结合的结构形式。

（4）以动画为主，与商品特点、音乐、解说相结合的结构形式。

（5）以儿童为主，与歌唱、旁白、音乐相结合的结构形式。

3. 影视广告片的构成要素

（1）影视广告片的视觉要素

影视广告片的构成要素有两种形态，即图像和字幕。

影视广告图像（又称画面）是影视广告中最重要的因素。图像造型表现力和视觉冲击力是电视广告获得效果的最强有力的表现手段。影视广告以运动的和定格的两种方式存在。

依靠运动的图像增强表现力和感染力，格外注重商品的动态表现。巧妙地创造商品的运动的方法很多，可以让商品自身运动起来、用人的行为创造商品的运动、运用光影创造商品运动等。

（2）影视广告片的听觉要素

影视广告片的听觉要素包括广告语、音乐及音响三部分。

影视广告片作为听觉部分的广告语有两种形态：一种是旁白，另一种是广告模特的台词。影视广告音乐包含背景音乐和广告歌。影视广告的音响是影视广告片中人和物运动时发出的，也有为了渲染情绪和气氛而附加的。

10.2　创意与展示

10.2.1　任务创意描述

本项目是为《墨香四溢·当代杰出书画作品展》制作的广告片，广告片将当代书画艺术与中国传统的水墨风格相结合，用水墨千变万化的艺术之美表现"墨香四溢·当代杰出书画作品展"是一次艺术的盛典，是当代书画魅力绽放的平台。通过"国画"、"油画"、"版画"和"书法"四大展示区，展现当代书画艺术的魅力。

10.2.2 任务效果展示

任务效果如图 10-1 所示。

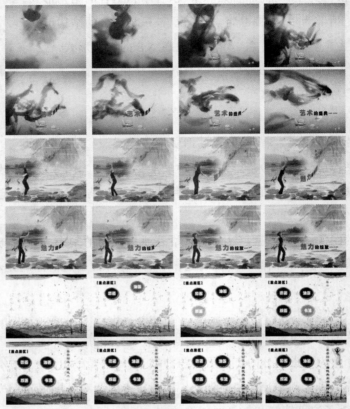

图 10-1 《墨香四溢·当代杰出书画作品展》广告片效果

10.3 任务实现

10.3.1 镜头一:《艺术的盛典》的制作

1. 制作飘动的文字。新建"文字 1"合成。打开 After Effects CC 软件,执行"合成"→"新建合成"菜单命令,打开"合成设置"对话框,设置参数,如图 10-2 所示。

2. 添加文字。选择工具栏中的"横排文字工具"按钮 **T**,在合成窗口中单击,输入文字"艺术的盛典……",设置"的盛典……"字体为华文琥珀,字号为 20 像素,字符间距为 150,填充色为黑色,无边色;选择"艺术"两个字,设置字号为 30 像素,填充色为 RGB(210,0,0),如图 10-3 所示。

3. 新建"噪波 1"合成,合成参数设置同前。按"Ctrl+Y"组合键,创建一个与合成大小相同,"颜色"为 RGB(136,136,136)的灰色纯色层,命名为"噪波 1"。

4. 添加"分形杂色"特效。选择"噪波 1"图层,执行"效果"→"杂色和颗粒"→"分形杂色"菜单命令,设置"溢出"为"剪切"。将当前时间指示器移动到 0:00:00:00 帧,激活"演

图 10-2　设置合成参数(1)

图 10-3　添加文字

化”属性前面的“时间变化秒表”按钮 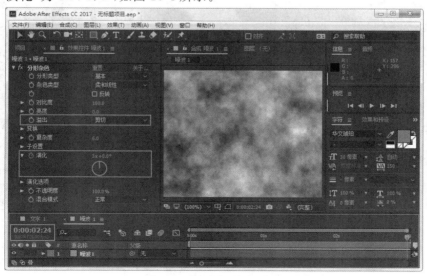，记录动画；将当前时间指示器移动到 0:00:02:24 帧，设置“演化”为 3x+0.0°，如图 10-4 所示。

图 10-4　添加“分形杂色”特效

5.添加"色阶"特效。执行"效果"→"颜色校正"→"色阶"菜单命令,设置"通道"为"蓝色","蓝色输出黑色"为125.0,如图10-5所示。

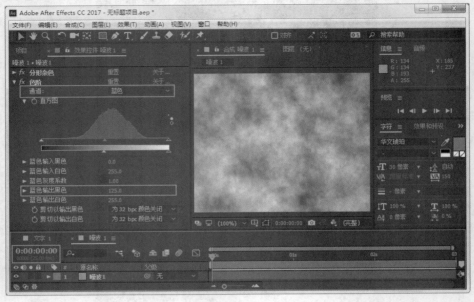

图 10-5　添加"色阶"特效

6.绘制蒙版。选择工具栏中的"矩形工具"按钮█,在"噪波 1"层上绘制一个如图10-6 所示的矩形蒙版。按"F"键,展开"蒙版羽化"属性,设置其值为(70.0,70.0)像素。

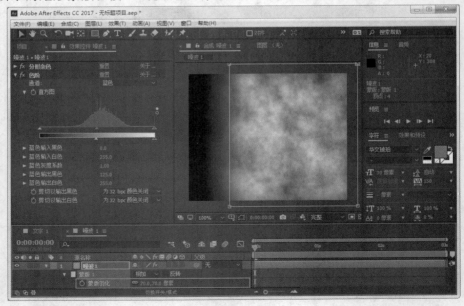

图 10-6　绘制蒙版

7.制作蒙版动画。按"M"键,展开"蒙版路径"属性,将当前时间指示器移动到 0:00:00:00 帧,激活该属性前面的"时间变化秒表"按钮█,记录动画;将当前时间指示器移动到 0:00:02:24 帧,调整蒙版路径,如图10-7 所示。

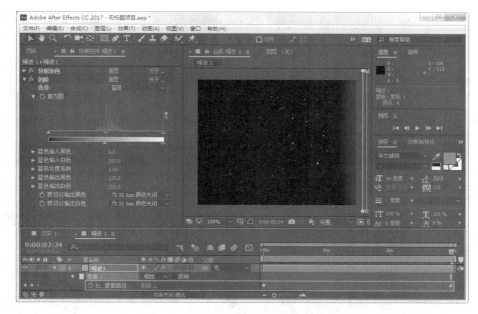

图 10-7　制作蒙版动画

8.新建"噪波 2"合成,合成参数设置同前。按"Ctrl＋Y"组合键,创建一个"颜色"为 RGB(136,136,136)的灰色纯色层,命名为"噪波 2"。与"噪波 1"合成制作方法相同,为其添加"分形杂色"和"色阶"特效,并制作同样的蒙版动画。

9.添加"曲线"特效。执行"效果"→"颜色校正"→"曲线"菜单命令,调整曲线形状,如图 10-8 所示。

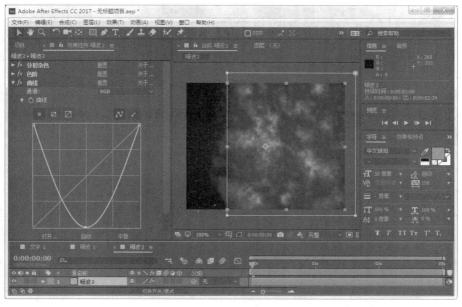

图 10-8　添加"曲线"特效

10.新建"飘动文字 1"合成,合成参数设置同前。

11.添加素材。在"项目"面板中依次选择"文字 1"、"噪波 1"和"噪波 2"合成,将其拖到

"时间轴"面板中,分别单击"噪波 1"、"噪波 2"图层前面的"眼睛"图标,将其隐藏,如图 10-9
所示。

图 10-9　添加素材(1)

12. 添加"复合模糊"特效。执行"效果"→"模糊和锐化"→"复合模糊"菜单命令,设置
"模糊图层"为"3. 噪波 2","最大模糊"为 200.0,如图 10-10 所示。

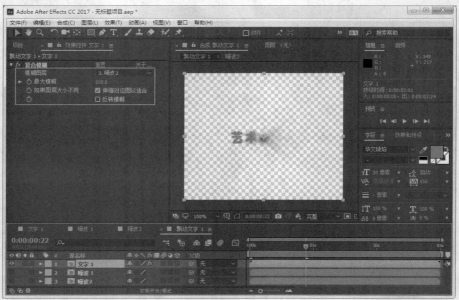

图 10-10　添加"复合模糊"特效

技术点睛

"复合模糊"特效可以根据指定的图层画面的亮度值，对应用该特效的图像进行模糊处理，用一个图层去模糊另一个图层效果。

"模糊图层"：选择进行模糊的对应图层，以进行模糊处理。模糊图层亮度高的区域模糊程度大些，亮度低的区域模糊程度小些。

"最大模糊"：设置最大模糊程度值，值越大，模糊程度也越大。

"如果图层大小不同"：设置当选择的"模糊图层"与应用"复合模糊"特效的图层大小不相同时，是否"伸缩对应图以适合"应用复合模糊特效图层的大小。

"反转模糊"：该选项用于设置是否反转模糊效果。

13. 添加"置换图"特效。执行"效果"→"扭曲"→"置换图"菜单命令，设置"置换图层"为"2.噪波 1"，其他参数设置如图 10-11 所示。

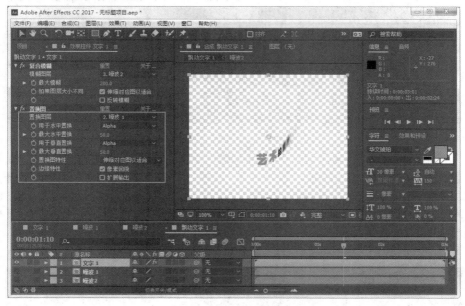

图 10-11　添加"置换图"特效

技术点睛

"置换图"特效可以指定一个图层作为置换贴图，应用贴图置换图层的某个通道值对图像进行水平和垂直方向的变形。

"置换图层"：选择本合成中的图像层为置换图层。

"用于水平置换/用于垂直置换"：选择一个用于水平或垂直方向置换的通道。

"最大水平置换/最大垂直置换"：置换最大水平或垂直变形程度。

"置换图特性"："中心图"表示置换图像与特效图像中心对齐；"伸缩对应图以适合"表示将置换图像拉伸以匹配特效图像，使其与特效图像层大小一致；"拼贴图"表示将置换层以平铺的形式填满整个特效层。

"边缘特性"：可以选择"像素回绕"，将覆盖边缘像素。

"扩展输出"：勾选该复选框，将使用扩展输出。

14. 新建"镜头一"合成，合成参数设置同前。按"Ctrl＋I"组合键，打开"导入文件"对话框，将该案例的素材导入"项目"面板中。

15. 添加素材。在"项目"面板中依次选择"水墨鱼1.mp4""石头.psd"素材,将其拖到"时间轴"面板中,按"S"键,展开其"缩放"属性,适当调整其大小,如图10-12所示。

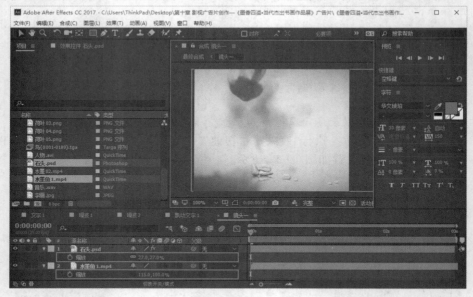

图10-12　添加素材

16. 调整石头效果,并制作动画。在"时间轴"面板中,选择"石头.psd"图层,执行"效果"→"颜色校正"→"色相/饱和度"菜单命令,设置"主饱和度"为20;按"T"键,展开其"不透明度"属性,设置其值为0,将当前时间指示器移动到0:00:00:13帧,激活其属性前面的"时间变化秒表"按钮,记录动画;将当前时间指示器移动到0:00:01:01帧,设置"不透明度"为100%,如图10-13所示。

图10-13　调整石头效果并制作动画

17. 添加花瓣素材。在"项目"面板中选择"huaban_{1-216}.iff"素材,将其拖到"时间轴"面板中,设置其"缩放"为(50.0,50.0)％,图层的"入点"为－0:00:02:24 帧;执行"效果"→"颜色校正"→"色相/饱和度"菜单命令,设置"主色相"为 0x－11.0°,"主饱和度"为 56,如图 10-14 所示。

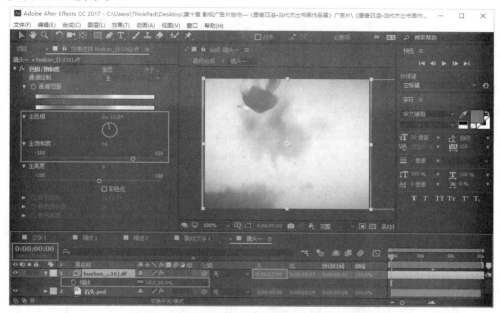

图 10-14　添加花瓣素材

18. 复制花瓣图层。在"时间轴"面板中选择"huaban_{1-216}.iff"图层,按"Ctrl＋D"组合键,复制一层,调整图层"入点"为－0:00:04:13;并在"项目"面板中选择"飘动文字 1"合成,将其拖到"时间轴"面板中,如图 10-15 所示。

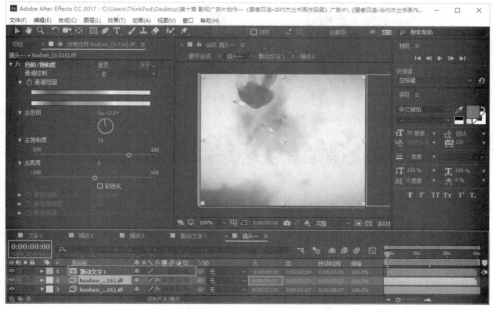

图 10-15　复制花瓣图层

19. 至此,镜头一:《艺术的盛典》制作完成,效果如图 10-16 所示。

图 10-16　镜头一:《艺术的盛典》效果

10.3.2　镜头二:《魅力的绽放》的制作

1. 制作"飘动文字 2"合成,方法同镜头一"飘动文字 1"合成的制作方法(步骤 10～13),将其中的"文字 1"合成替换为"文字 2"合成,如图 10-17 所示。

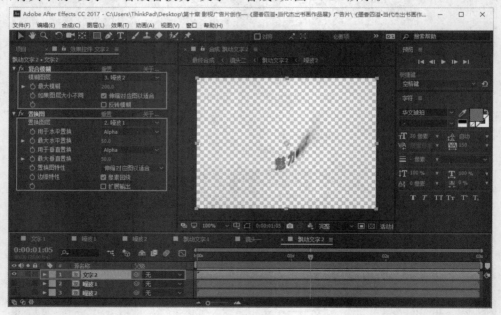

图 10-17　"飘动文字 2"合成

2. 新建"镜头二"合成,设置持续时间为 2 秒 23 帧,其他参数设置同前。

3. 添加素材。在"项目"面板中依次选择"水墨 02. mp4""海水. avi"素材,将其拖到"时间轴"面板中。选择"海水. avi"图层,执行"效果"→"颜色校正"→"色相/饱和度"菜单命令,设置"主饱和度"为－100;并设置其图层模式为"柔光",如图 10-18 所示。

4. 制作水面波动效果。在"时间轴"面板中,选择"水墨 02. mp4"图层,按"Ctrl＋D"组合键复制一层,置于顶层,并选择工具栏中的"钢笔工具"按钮 ,绘制一个如图 10-19 所

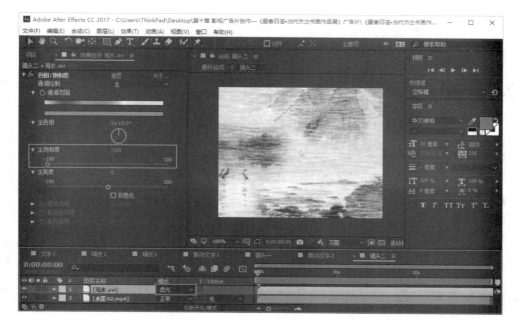

图 10-18　添加素材(2)

示的蒙版;选择"海水.avi"图层,设置其"轨道遮罩"为 Alpha。

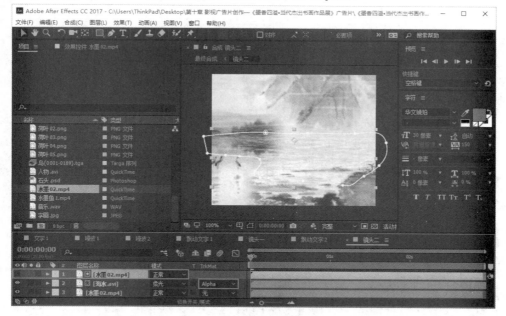

图 10-19　制作水面波动效果

5.制作水墨荷花。在"项目"面板中选择"荷花.png"素材,将其拖到"时间轴"面板中。执行"效果"→"颜色校正"→"色相/饱和度"菜单命令,设置"主饱和度"为—100;为了增加荷花的真实感,继续执行"效果"→"透视"→"投影"菜单命令,如图 10-20 所示。

6.保留荷花的色彩。在"时间轴"面板中选择"荷花.png"图层,按"Ctrl+D"组合键复制一层,在"效果控制台"面板中,选择"色相/饱和度"特效,按"Delete"键,删除该特效;在

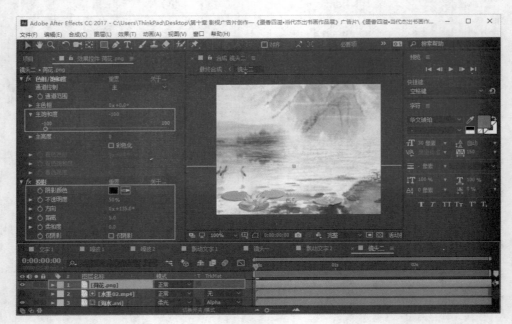

图 10-20　制作水墨荷花

工具栏中选择"椭圆工具"按钮，绘制如图 10-21 所示的蒙版，并设置"蒙版羽化"为 (13.0,13.0) 像素。

图 10-21　为荷花添加蒙版

7. 制作水墨荷叶。在"项目"面板中选择"荷叶 01. png"到"荷叶 05. png"五个素材，将其拖到"时间轴"面板中，并用制作水墨荷花相同的方法，为其添加"色相/饱和度"和"投影"特效，如图 10-22 所示。

8. 制作荷花和荷叶位置动画。为增加画面的动感，为两个荷花图层和五个荷叶图层

图 10-22　制作水墨荷叶

的"位置"属性制作动画。在"时间轴"面板中同时选择这些图层,按"P"键,展开其"位置"属性,将当前时间指示器移动到 0:00:00:20 帧,激活"位置"属性前面的"时间变化秒表"按钮 ,记录动画;将当前时间指示器移动到 0:00:02:22 帧,分别调整各图层的位置,如图 10-23 所示。

图 10-23　制作荷花和荷叶位置动画

9. 添加鸟素材。在"项目"面板中选择"鸟{0001-0189}.tga"素材,将其拖到"时间轴"面板中,设置其"位置"为(60.0,154.0);在工具栏中选择"钢笔工具"按钮 ,绘制如

图 10-24 所示的蒙版,并设置"蒙版羽化"为(10.0,10.0)像素;设置图层"模式"为相乘。

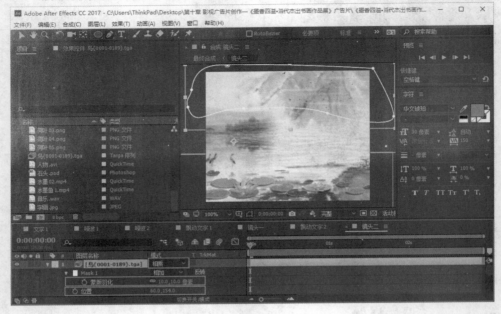

图 10-24　添加鸟素材(1)

10. 添加人物素材。在"项目"面板中选择"人物.avi"素材,将其拖到"时间轴"面板中,设置其"位置"为(55.0,178.0),"缩放"为(38.0,38.0)%;并在工具栏中选择"钢笔工具"按钮, 绘制如图 10-25 所示的蒙版。

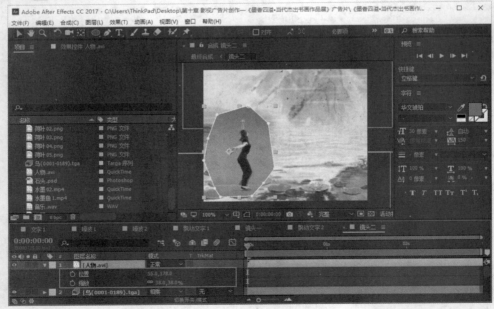

图 10-25　添加人物素材

11. 键出人物蓝色背景。执行"效果"→"抠像"→"Keylight(1.2)"菜单命令,选择"Screen Colour(屏幕颜色)"属性右侧的"吸管"工具,在素材层上吸取蓝色,并设置"Screen Gain

（屏幕增益）"为 117.0,"Screen Balance(屏幕均衡)"为 95.0,如图 10-26 所示。

图 10-26　键出人物蓝色背景

　　12.为人物添加阴影。按"Ctrl＋Y"组合键,创建一个黑色纯色层,在工具栏中选择"椭圆工具"按钮◯,绘制如图 10-27 所示的蒙版,设置"蒙版羽化"为(8.0,8.0)像素,并将该图层置于"人物.avi"图层之下。

图 10-27　为人物添加阴影

　　13.添加主题文字。在"项目"面板中选择"飘动文字 2"合成,将其拖到"时间轴"面板中,如图 10-28 所示。

图 10-28　添加主题文字

14.至此,镜头二:《魅力的绽放》制作完成,效果如图 10-29 所示。

图 10-29　镜头二:《魅力的绽放》效果

10.3.3　镜头三:定版的制作

1.新建"文字 3"合成。执行"合成"→"新建合成"菜单命令,打开"合成设置"对话框,设置参数,如图 10-30 所示。

2.添加文字。选择工具栏中的"横排文字工具"按钮 T,在合成窗口中单击,输入文字"国画",设置"字体"为"华文琥珀","字号"为 17 像素,"字符间距"为 110,"填充颜色"为白色,"描边颜色"为 RGB(210,0,0),"描边宽度"为 4 像素,如图 10-31 所示。

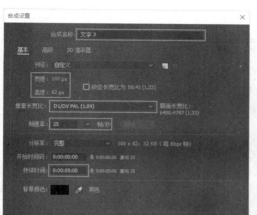

图 10-30　设置合成参数(2)

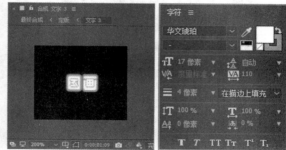

图 10-31　添加文字

3.为文字制作背景。按"Ctrl＋Y"组合键,创建一个"颜色"为 RGB(160,160,160)的灰色纯色层,将其置于文字图层下方;在工具栏中选择"椭圆工具"按钮🔵,绘制蒙版;并激活合成窗口下方的"切换透明网格"按钮⊠,如图 10-32 所示。

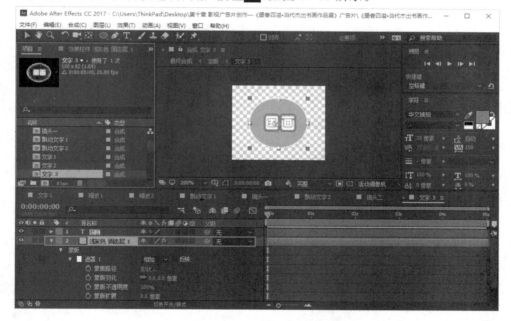

图 10-32　为文字制作背景

4.为背景添加特效。在"时间轴"面板中选择纯色层,执行"效果"→"风格化"→"毛边"菜单命令,设置"边缘类型"为"影印颜色","边缘颜色"为黑色。继续为其添加"投影"特效。执行"效果"→"透视"→"阴影"菜单命令,如图 10-33 所示。

5.用制作"文字 3"合成相同的方法,制作"文字 4"到"文字 6"合成,其文字内容依次为"油画"、"版画"和"书法"。

6.新建"定版"合成,设置持续时间为 5 秒,其他参数设置同镜头二。

图 10-33　为背景添加特效

7. 制作白色背景。按"Ctrl＋Y"组合键,创建一个名为"背景"的白色纯色层作为背景。

8. 添加"字画"素材。在"项目"面板中选择"字画.jpg"素材,将其拖到"时间轴"面板中,设置"缩放"为(71.0,71.0)％,"不透明度"为18％,"位置"为(184.0,201.0);在工具栏中选择"钢笔工具"按钮,绘制蒙版,如图 10-34 所示。

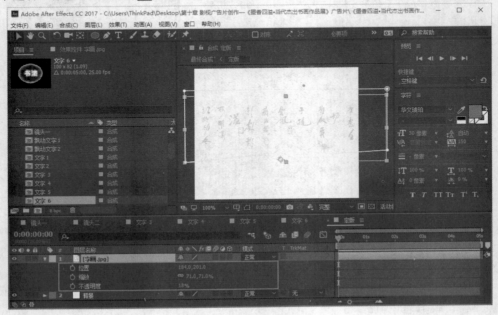

图 10-34　添加"字画"素材

　　9.制作"字画"动画。将当前时间指示器移动到 0:00:00:00 帧,激活"位置"属性前面的"时间变化秒表"按钮⏱,记录动画;将当前时间指示器移动到 0:00:04:24 帧,设置其值为(143.0,201.0),如图 10-35 所示。

图 10-35　制作"字画"动画

　　10.添加"荷花.avi"素材。在"项目"面板中选择"荷花.avi"素材,将其拖到"时间轴"面板中,设置"位置"为(307.0,217.0),"缩放"为(-22.0,22.0)%,如图 10-36 所示。

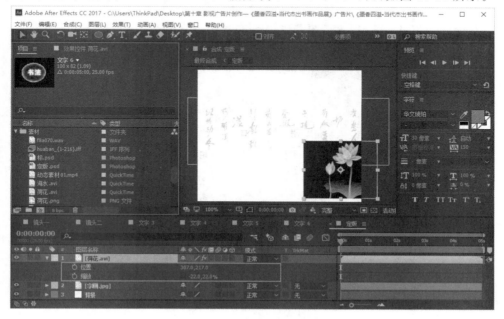

图 10-36　添加"荷花.avi"素材

11.键出荷花蓝色背景。执行"效果"→"抠像"→"Keylight(1.2)"菜单命令,选择"Screen Colour"属性右侧的"吸管"工具，在素材层上吸取蓝色,如图 10-37 所示。

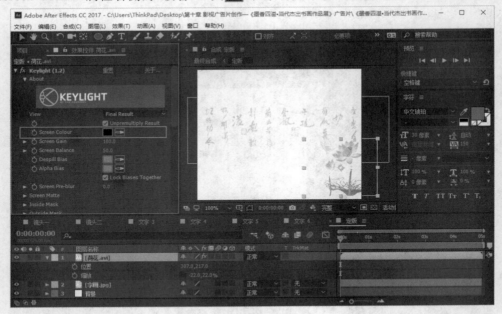

图 10-37　键出荷花蓝色背景

12.制作水墨荷花效果。执行"效果"→"颜色校正"→"色相/饱和度"菜单命令,设置"主饱和度"为－100;在工具栏中选择"钢笔工具"按钮，绘制蒙版,只保留荷花和花茎部分,并设置"蒙版羽化"为(18.0,18.0)像素,如图 10-38 所示。

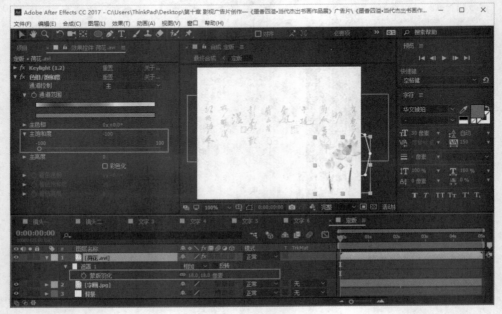

图 10-38　制作水墨荷花

13.保留荷花的色彩。在"时间轴"面板中选择"荷花.avi"图层,按"Ctrl＋D"组合键复制一层,在"效果控制台"面板中,选择"色相/饱和度"特效,按"Delete"键,删除该特效;调整其蒙版形状,并设置"蒙版羽化"为(96.0,96.0)像素,如图 10-39 所示。

图 10-39　为荷花添加蒙版

14.添加动态素材 01。在"项目"面板中选择"动态素材 01.mp4"素材,将其拖到"时间轴"面板中,按"P"键,展开其"位置"属性,设置其值为(178.0,284.0),如图 10-40 所示。

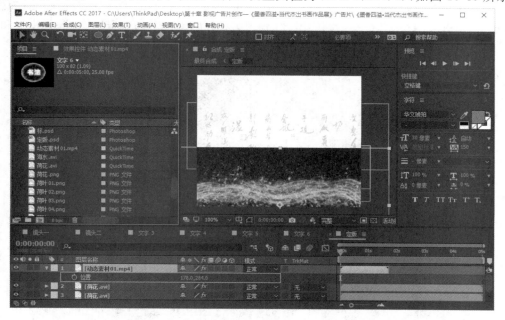

图 10-40　添加"动态素材 01.mp4"素材

15.制作动态素材的合成效果。在"时间轴"面板中选择"动态素材 01.mp4"素材层，选择工具栏中的"矩形工具"按钮█，绘制一个如图 10-41 所示的矩形蒙版，按"F"键，展开"蒙版羽化"属性，设置其值为(76.0，76.0)像素；执行"效果"→"颜色校正"→"色相/饱和度"菜单命令，设置"主饱和度"为－100，将素材制作为水墨效果；设置图层"模式"为"差值"。

图 10-41　制作动态素材的合成效果

16.复制图层。在"时间轴"面板中选择"动态素材 01.mp4"素材层，按"Ctrl＋D"组合键两次，复制两层，使其首尾相接。

17.添加"定版.psd"素材。在"项目"面板中选择"定版.psd"素材，将其拖到"时间轴"面板中，设置"位置"为(172.0，146.0)，"缩放"为(51.0，51.0)％；执行"效果"→"模糊和锐化"→"高斯模糊"菜单命令，设置"模糊度"为 3.0，如图 10-42 所示。

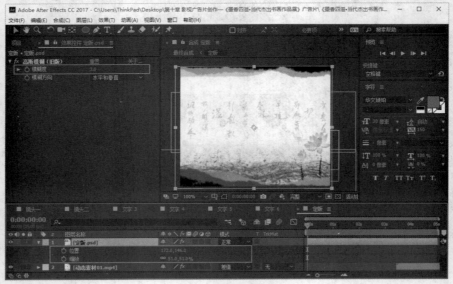

图 10-42　添加"定版.psd"素材

18. 添加"标.psd"素材。在"项目"面板中选择"标.psd"素材,将其拖到"时间轴"面板中,设置"位置"为(315.0,70.0),"缩放"为(74.0,74.0)％;执行"效果"→"透视"→"阴影"菜单命令,使用默认值即可,如图 10-43 所示。

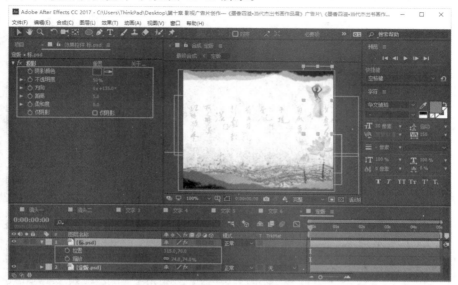

图 10-43　添加"标.psd"素材

19. 添加"径向模糊"特效。在"时间轴"面板中选择"标.psd"素材层,执行"效果"→"模糊和锐化"→"径向模糊"菜单命令,设置"类型"为"缩放","中心"为(48.0,169.5),"数量"为 150.0,将当前时间指示器移动到 0:00:02:08 帧,激活"数量"属性前面的"时间变化秒表"按钮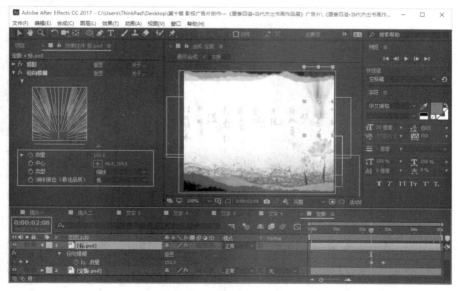 ,记录动画;将当前时间指示器移动到 0:00:02:20 帧,设置"数量"为 0.0,如图 10-44 所示。

图 10-44　添加"径向模糊"特效

20.制作位置动画。在"时间轴"面板中选择"标.psd"素材层,按"P"键,展开其"位置"属性,将当前时间指示器移动到 0:00:02:17 帧,激活该属性前面的"时间变化秒表"按钮 🕐,记录动画;将当前时间指示器移动到 0:00:01:23 帧,设置其值为(403.0,−133.0),如图 10-45 所示。

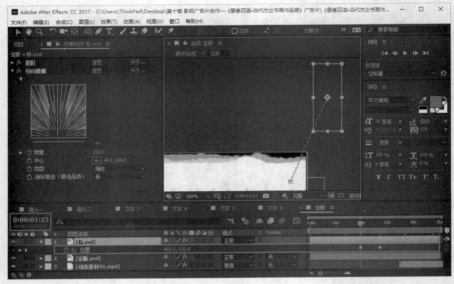

图 10-45 制作位置动画

21.添加标题文字。选择工具栏中的"横排文字工具"按钮 **T**,在合成窗口中单击,输入文字"墨香四溢·当代杰出书画作品展",设置"字体"为"隶书","字号"为 17 像素,"字符间距"为−70,"填充颜色"为黑色;选择"墨香四溢"四个字,设置其"填充颜色"为 RGB(210,0,0),如图 10-46 所示。

图 10-46 添加标题文字

22. 为文字添加蒙版。在"时间轴"面板中选择文字图层,选择工具栏中的"矩形工具"按钮 ,绘制一个矩形蒙版,按"F"键,展开"蒙版羽化"属性,设置其值为(50.0,50.0)像素,如图10-47所示。

图10-47　为文字添加蒙版

23. 制作蒙版动画。在"时间轴"面板中选择文字图层,按"M"键,展开其"蒙版路径"属性,将当前时间指示器移动到0:00:02:04帧,激活该属性前面的"时间变化秒表"按钮 ,记录动画;将当前时间指示器移动到0:00:01:12帧,调整蒙版形状,如图10-48所示。

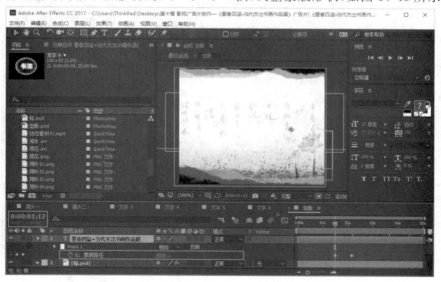

图10-48　制作蒙版动画

24. 制作扫光文字动画。在"时间轴"面板中选择文字图层,按"Ctrl＋D"组合键,复制一层,选择全部文字,设置文字填充色为白色。执行"效果"→"Trapcode"→"Shine"菜单命令,设置"发光点"为(280.0,45.0),"光芒长度"为0.7,"提升亮度"为3.0,"颜色模式…"为"牙买加","基于…"为"亮度","混合模式"为"正片叠底";将当前时间指示器移动到 0:00:01:12 帧,激活"发光点"属性前面的"时间变化秒表"按钮🕐,记录动画;将当前时间指示器移动到 0:00:02:04 帧,设置"发光点"为(280.0,278.0),如图 10-49 所示。

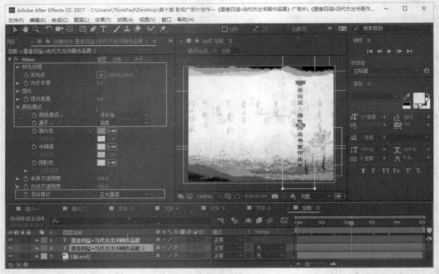

图 10-49　制作扫光文字动画

25.添加鸟素材。打开"镜头二"合成,选择"鸟{0001-0189}.tga"图层,按"Ctrl+C"组合键,复制该图层,切回"定版"合成,按"Ctrl+V"组合键,粘贴,如图 10-50 所示。

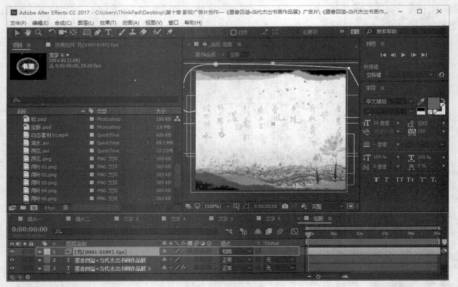

图 10-50　添加鸟素材(2)

26.添加顶部文字。选择工具栏中的"横排文字工具"按钮**T**,在合成窗口中单击,输入文字"【重点展区】",设置"字体"为"华文琥珀","字号"为 16 像素,"字符间距"为 150,"填充颜色"为黑色;执行"效果"→"透视"→"投影"菜单命令,设置"阴影颜色"为 RGB(252,163,45),"距离"为 3.0,如图 10-51 所示。

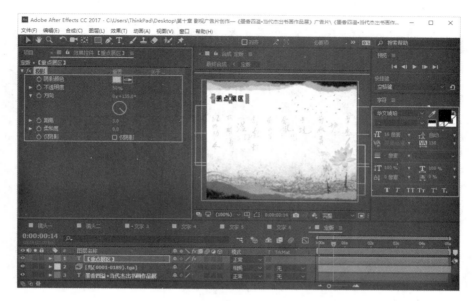

图 10-51　添加顶部文字

27.添加其他文字素材。在"项目"面板中选择"文字 3"到"文字 6"四个合成,将其拖到"时间轴"面板中,放到如图 10-52 所示的位置。

图 10-52　添加其他文字素材

28.制作文字动画。为"【重点展区】"图层及"文字 3"到"文字 6"四个合成素材层制作动画,效果请读者自行设计,在此不再赘述。

29.整体调色。按"Ctrl＋Alt＋Y"组合键,新建一个调整图层,执行"效果"→"颜色校正"→"色阶"菜单命令,设置"输入黑色"为 40.0,"输入白色"为 243.0,如图 10-53 所示。

30.至此,镜头三:《定版》制作完成,效果如图 10-54 所示。

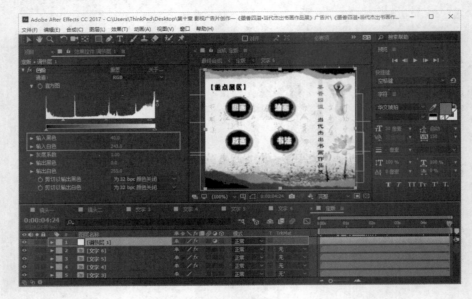

图 10-53　整体调色

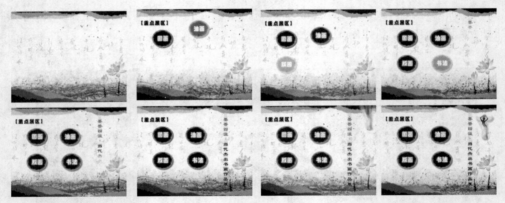

图 10-54　镜头三:定版效果

10.3.4　镜头四:总合成的制作

1.新建"最终合成"合成,设置持续时间为 10 秒,其他参数设置同镜头二。

2.添加素材。在"项目"面板中依次选择"镜头一"到"镜头三"合成,将其拖到"时间轴"面板中,依次设置"镜头二"图层的入点为 0:00:02:24 帧,"镜头三"图层的入点为 0:00:05:21 帧,如图 10-55 所示。

3.制作镜头过渡效果。在"时间轴"面板中选择"镜头二"图层,按"T"键,展开"不透明度"属性,设置其值为 0;将当前时间指示器移动到 0:00:02:24 帧,激活该属性前面的"时间变化秒表"按钮 ,记录动画;将当前时间指示器移动到 0:00:03:06 帧,设置其值为 100%,实现镜头一到镜头二的过渡;用同样的方法,选择"定版"图层,制作其"不透明度"属性动画,实现镜头二到镜头三的过渡,如图 10-56 所示。

图 10-55　添加素材

图 10-56　制作镜头过渡效果

4. 添加音乐素材。在"项目"面板中选择"f8a070.wav"和"音乐.wav"素材,将其拖到"时间轴"面板中,完成"定版"合成的制作,如图 10-57 所示。

5. 至此,镜头四:总合成制作完成,效果如图 10-58 所示。至此,《墨香四溢·当代杰出书画作品展》广告片全部制作完成。

图 10-57　添加音乐素材

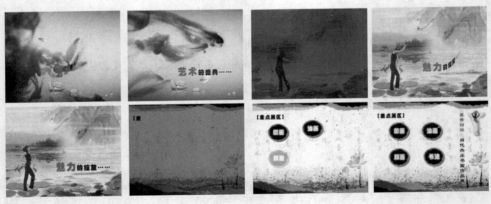

图 10-58　镜头四：总合成效果

10.4　本章小结

决定影视广告片成败的关键是创意与剪辑手法。剪辑和创意是互补的,剪辑师对原素材的选用。对镜头的合理运用、剪辑、合成等各种效果处理上无不处处体现着这一点。后期编辑通过对影视的镜头、语言、镜头组接、镜头张力、节奏等良好的把握,将创意思路在片中完美地表现出来,使产品诉求有机地融入画面情境中,并在影调、风格、节奏上使作品或行云流水通畅自如,或振聋发聩、落地有声,或静动结合,引人注意,这样就会使影视广告片达到,甚至超过预期的效果。

第11章 影视宣传片片头创作
——《快速路建设宣传片》

● **本章教学目标**

1. 学会使用"粒子运动场""高斯模糊""发光"特效制作运动的光点效果;(重点)
2. 学会使用"3D Stroke""发光"特效制作运动的发光圆环效果;(重点)
3. 学会使用文字动画属性、文字预置动画、轨道遮罩等多种方法制作文字动画;(重点)
4. 学会使用"曝光度""锐化""曲线"等颜色校正特效调整图像效果;(重点)
5. 学会使用图层混合模式,结合图层蒙版进行图像合成;
6. 学会使用"镜头光晕"特效,制作运动的镜头光晕效果;
7. 掌握各种特效在影视宣传片创作中的应用方法与技巧。(难点)

11.1 影视宣传片片头概述

影视宣传片是运用电视、电影的表现手法为生产型企业、连锁品牌店、旅游景点、大型展会、政府工作汇报、城市形象、电影发布、电视宣传推广等制作的宣传片。不同类型的影视宣传片的目的不同,功能不同,其风格也不同。企业类的宣传片多是用于自身品牌形象宣传和产品促销;连锁品牌店宣传片多是用于行业文化和连锁加盟模式的宣传;旅游景点宣传片多偏重于人文风情和历史文化底蕴的宣传;大型展会的宣传片多是凸显展会的专业性和品味;政府工作汇报多侧重于众多政策实施后的良好反映,写实的多些;城市形象宣传片则是倾向于介绍城市历史文化底蕴和发展状况;电视宣传推广主要包括频道形象宣传片、栏目宣传片和主持人宣传片等;影视宣传片片头时长通常在 15 秒至 30 秒之间,是宣传片性质、内容的高度体现和呈现,以吸引观众。

11.2 创意与展示

11.2.1 任务创意描述

本项目为《快速路建设宣传片》制作片头,片头围绕宣传片"创新精神与改革气魄的民生轨迹""史无前例的超级工程""立体交通时代即将到来"三大主线,突出展现了快速路建设将开启城市立体交通新纪元的主旨,以激起观众共鸣,吸引观众关注。

11.2.2　任务效果展示

任务效果如图 11-1 所示。

图 11-1　《快速路建设宣传片》片头效果

11.3　任务实现

11.3.1　镜头一：《民生轨迹》的制作

1. 新建"镜头 1"合成。打开 After Effects CC 软件，单击"合成"→"新建合成"菜单命令，打开"合成设置"对话框，设置参数，如图 11-2 所示。

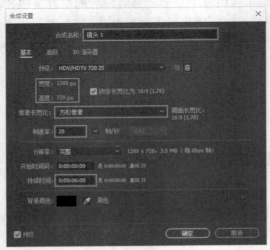

图 11-2　设置合成参数

2.导入素材。按"Ctrl＋I"组合键,打开"导入文件"对话框,将该案例的素材导入"项目"面板中,并放于"素材"文件夹中。在"项目"面板中选择"航拍 1.mp4"素材,将其拖到"时间轴"面板中,如图 11-3 所示。

图 11-3　导入素材

3.制作"航拍 1.mp4"素材动画。将当前时间指示器移动到 0:00:00:00 帧,按"P"键,打开其"位置"属性,设置其值为(498.0,112.0);按"Shift＋S"组合键,打开其缩放属性,设置其值为(185.0,185.0)％,并激活两个属性前面的"时间变化秒表"按钮，记录动画,如图 11-4 所示。

图 11-4　制作位置和缩放动画

4.继续设置动画。将当前时间指示器移动到 0:00:02:00 帧处,设置"位置"为(639.0,252.0),"缩放"为(142.0,142.0)％;将当前时间指示器移动到 0:00:04:00 帧处,设置"位置"为(564.0,174.0),"缩放"为(160.0,160.0)％,如图 11-5 所示。

5.制作天空效果。在"项目"面板中选择"天空.mp4"素材,将其拖到"时间轴"面板中,设置其"位置"为(678.0,654.0),"缩放"为(183.0,183.0)％,如图 11-6 所示。

6.为天空添加蒙版。选择工具栏中的"钢笔工具"按钮，在天空图层上绘制一个如图 11-7 所示的蒙版,勾选"反转"复选框,设置"蒙版羽化"为(118.0,118.0)像素。

图 11-5　设置位置和缩放动画

图 11-6　添加天空素材

图 11-7　为天空添加蒙版

7.添加运动圆环 1 素材。在"项目"面板中选择"运动圆环 1.mov"素材,将其拖到"时间轴"面板中,设置其图层"模式"为"相加",如图 11-8 所示。

图 11-8　添加运动圆环 1 素材

8.制作运动的光点效果。按"Ctrl＋Y"组合键,新建一个黑色纯色层,命名为"光点"。单击"效果"→"模拟"→"粒子运动场"菜单命令,添加"粒子运动场"特效,设置其"颜色"为白色,其他参数设置如图 11-9 所示。

图 11-9　添加"粒子运动场"特效

9. 丰富光点效果。选择"光点"图层，单击"效果"→"模糊和锐化"→"高斯模糊"菜单命令，添加"高斯模糊"特效，设置"模糊度"为 16.4。继续单击"效果"→"风格化"→"发光"菜单命令，添加发光特效，其参数设置如图 11-10 所示。

图 11-10　添加"高斯模糊"和"发光"特效

10. 制作光环效果。按"Ctrl＋Y"组合键，新建一个黑色纯色层，命名为"光环"。选择工具栏中的"钢笔工具"按钮 ✐，在"光环"图层上绘制一个蒙版。单击"效果"→"Trapcode"→"3D Stroke"菜单命令，添加"3D Stroke"特效，设置其"颜色"为白色，其他参数设置如图 11-11 所示。其效果如图 11-12 所示。

11. 制作光环动画效果。设置"3D Stroke"特效"起"参数值为 100.0，将当前时间指示

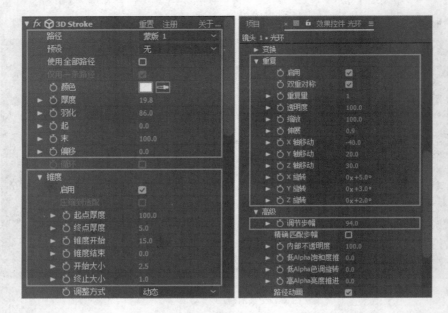

图 11-11　设置"3D Stroke"特效参数值

图 11-12　添加"3D Stroke"特效后的效果

器移动到 0:00:00:24 帧,激活其参数前面的"时间变化秒表"按钮,记录动画。将当前时间指示器移动到 0:00:02:17 帧处,设置"起"为 9.0,如图 11-13 所示。

12. 添加发光效果。选择"光环"图层,单击"效果"→"风格化"→"发光"菜单命令,添加"发光"特效,设置"发光颜色"为"A 和 B 颜色","颜色 A"为白色,"颜色 B"为天蓝色,其他参数设置如图 11-14 所示。

图 11-13　设置"3D Stroke"特效

图 11-14　添加"发光"特效

13. 制作光环渐隐效果。选择"光环"图层，按"T"键，打开"不透明度"属性，将当前时间指示器移动到 0：00：03：01 帧，激活其参数前面的"时间变化秒表"按钮 ，记录动画；将当前时间指示器移动到 0：00：04：00 帧处，设置其参数值为 0，如图 11-15 所示。

14. 添加文字效果。选择工具栏中的"横排文字工具"按钮 ，在合成窗口中单击，输入文字"这是一串刻印着创新精神"，设置"字体"为"微软雅黑"，"字号"为 55 像素，"填充颜色"为 RGB（225，151，9），"描边颜色"为白色，"描边宽度"为 8 像素，其他参数设置如图 11-16 所示。

图 11-15　制作光环渐隐效果

图 11-16　添加文字(1)

15. 制作文字动画。按"T"键,打开"不透明度"属性,设置其值为 90%。将当前时间指示器移动到 0:00:00:00 帧处,设置"位置"为(111.0,204.0),"缩放"为(100.0,100.0)%,激活其参数前面的"时间变化秒表"按钮 ,记录动画;将当前时间指示器移动到 0:00:05:24 帧,设置"位置"为(67.0,204.0),"缩放"为(110.0,110.0)%。单击"文本"右侧的 动画: 按钮,为其添加"不透明度"动画,设置"不透明度"为 0,将当前时间指示器移动到 0:00:00:00 帧,设置"偏移"为-100%,激活其参数前面的"时间变化秒表"按钮 ,记录动画;将当前时间指示器移动到 0:00:02:00 帧,设置"偏移"为 100%,如图 11-17 所示。

16. 用同样的方法输入第二行文字:与改革气魄的"民生轨迹",文字参数设置同上,如图 11-18 所示。

17. 用同样的方法制作文字动画。按"T"键,打开"不透明度"属性,设置其值为 90%。将当前时间指示器移动到 0:00:00:00 帧,设置"位置"为(260.0,296.0),"缩放"为(100.0,100.0)%,激活其参数前面的"时间变化秒表"按钮 ,记录动画;将当前时间指示

图 11-17　制作文字动画(1)

图 11-18　添加第二行文字(1)

器移动到 0:00:05:24 帧处,设置"位置"为(285.0,296.0),"缩放"为(110.0,110.0)％。单击"文本"右侧的 动画:● 按钮,为其添加不透明度动画,设置"不透明度"为 0,将当前时间指示器移动到 0:00:02:00 帧,设置"偏移"为－100％,激活其参数前面的"时间变化秒表"按钮 ,记录动画;将当前时间指示器移动到 0:00:04:00 帧,设置"偏移"为 100％,如图 11-19 所示。

图 11-19　制作第二行文字动画(1)

18. 至此,镜头一:《民生轨迹》制作完成,效果如图 11-20 所示。

图 11-20　镜头一:《民生轨迹》效果

11.3.2　镜头二:《超级工程》的制作

1. 新建"镜头 2"合成。设置"持续时间"为 6 秒,其他合成参数设置同"镜头 1"合成。

2. 添加素材。在"项目"面板中选择"城市图片 2.jpg"素材,将其拖到"时间轴"面板中,按"S"键,打开"缩放"属性,设置其值为(162.0,162.0)%。单击"效果"→"颜色校正"→"自动对比度"菜单命令,添加"自动对比度"特效,如图 11-21 所示。

图 11-21　添加"城市图片 2.jpg"素材

3. 调整图片效果。单击"效果"→"颜色校正"→"曝光度"菜单命令,添加"曝光度"特效,设置"曝光度"为 0.88,"灰度系数校正"为 1.20;继续单击"效果"→"模糊和锐化"→"锐化"菜单命令,添加"锐化"特效,设置"锐化量"为 24,如图 11-22 所示。

图 11-22　添加"曝光度"和"锐化"特效

4.制作城市图片缩放动画。将当前时间指示器移动到 0:00:00:00 帧,激活"缩放"属性前面的"时间变化秒表"按钮,记录动画;将当前时间指示器移动到 0:00:05:24 帧,设置"缩放"为(190.0,190.0)%,如图 11-23 所示。

图 11-23　制作城市图片缩放动画

5.添加天空效果。在"镜头 1"合成中,选择"天空.mp4"图层,按"Ctrl+C"组合键复制,按"Ctrl+V"组合键粘贴到当前合成中,按"F"键,打开"蒙版羽化"参数,设置其值为

(138.0,138.0)像素,调整蒙版形状,如图 11-24 所示。

图 11-24　添加天空效果

6.添加运动圆环 2 素材。在"项目"面板中选择"运动圆环 2.mov"素材,将其拖到"时间轴"面板中,设置其图层"模式"为"相加",如图 11-25 所示。

图 11-25　添加运动圆环 2 素材

7.添加工人素材。在"项目"面板中选择"工人.jpg"素材,将其拖到"时间轴"面板中,调整其大小及位置,如图 11-26 所示。

图 11-26　添加工人素材

8.抠除绿色背景。选择"工人"图层,单击"效果"→"抠像"→"Keylight(1.2)"菜单命令,添加"Keylight(1.2)"特效,单击"Screen Colour"参数右侧的➡️按钮,在图片的绿色背景上单击,抠除绿色,如图 11-27 所示。

图 11-27　抠除绿色背景

9.调整图片效果。单击"效果"→"颜色校正"→"曲线"菜单命令,添加"曲线"特效,调整曲线。选择工具栏中的"椭圆工具"按钮◯,在"工人"图层上绘制一个如图 11-28 所示的蒙版,按"F"键,打开"蒙版羽化"参数,设置其值为(140.0,140.0)像素。

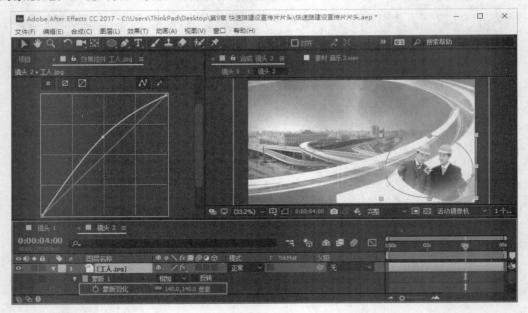

图 11-28　调整图片效果

10.制作运动的光点效果。在"镜头 1"合成中,选择"光点"图层,按"Ctrl＋C"组合键复制,按"Ctrl＋V"组合键粘贴到当前合成中,调整粒子发射参数,如图 11-29 所示。

图 11-29　运动的光点效果

11.制作运动的光环效果。按"Ctrl＋Y"组合键,新建一个深灰色纯色层,命名为"光晕"。单击"效果"→"生成"→"镜头光晕"菜单命令,添加"镜头光晕"特效。设置"光晕"图层的"模式"为"相加",如图 11-30 所示。

图 11-30　添加"镜头光晕"特效

12. 制作光晕动画。设置"光晕亮度"为 86％，将当前时间指示器移动到 0：00：00：00 帧处，设置"光晕中心"为（1115.0，754.0），并激活其属性前面的"时间变化秒表"按钮，记录动画；将当前时间指示器移动到 0：00：02：08 帧处，设置"光晕中心"为（758.0，607.9）；将当前时间指示器移动到 0：00：05：24 帧处，设置"光晕中心"为（722.0，430.0），如图 11-31 所示。

图 11-31　制作光晕动画

13. 添加文字。选择工具栏中的"横排文字工具"按钮，在合成窗口中单击，输入文字"这是一项史无前例的"，设置"字体"为"方正超粗黑简体"，"字号"为 65 像素，"填充颜色"为 RGB（225，151，9），"描边颜色"为白色，"描边宽度"为 8 像素，其他参数设置如图 11-32 所示。

图 11-32 添加文字（2）

14. 丰富文字效果。单击"效果"→"透视"→"投影"菜单命令，添加"投影"特效，设置"柔和度"值为 7.0；单击"效果"→"风格化"→"查找边缘"菜单命令，添加查找边缘特效，选中"反转"复选框，设置"与原始图像混合"为 90％，如图 11-33 所示。

图 11-33 丰富文字效果

15. 制作文字动画。按"T"键，打开"不透明度"属性，设置其值为 95％。将当前时间指示器移动到 0:00:00:00 帧处，设置"位置"为（162.0，202.0），"缩放"为（100.0，100.0）％，激活其参数前面的"时间变化秒表"按钮，记录动画；将当前时间指示器移动到 0:00:05:24 帧处，设置"位置"为（126.0，202.0），"缩放"为（110.0，110.0）％。单击"文本"右侧的 动画: ● 按钮，为其添加不透明度动画，设置"不透明度"为 0，将当前时间指示器移动到 0:00:00:00 帧处，设置"偏移"为－100％，激活其参数前面的"时间变化秒表"按钮，记录动画；将当前时间指示器移动到 0:00:02:00 帧处，设置"偏移"为 100％，如图 11-34 所示。

图 11-34 制作第二行文字动画（2）

16.用同样的方法输入第二行文字:"超级工程"!,设置文字填充色为 RGB(236,100,40),其他参数设置同上,如图 11-35 所示。

图 11-35　添加第二行文字(2)

17.用同样的方法制作文字动画。按"T"键,打开"不透明度"属性,设置其值为 95%。将当前时间指示器移动到 0:00:00:00 帧处,设置"位置"为(348.0,300.0),"缩放"为(100.0,100.0)%,激活其参数前面的"时间变化秒表"按钮 🕐,记录动画;将当前时间指示器移动到 0:00:05:24 帧处,设置"位置"为(363.0,304.0),"缩放"为(110.0,110.0)%。单击"文本"右侧的 动画:● 按钮,为其添加不透明度动画,设置"不透明度"为 0,将当前时间指示器移动到 0:00:02:00 帧处,设置"偏移"为—100%,激活其参数前面的"时间变化秒表"按钮 🕐,记录动画;将当前时间指示器移动到 0:00:04:00 帧处,设置"偏移"为 100%,如图 11-36 所示。

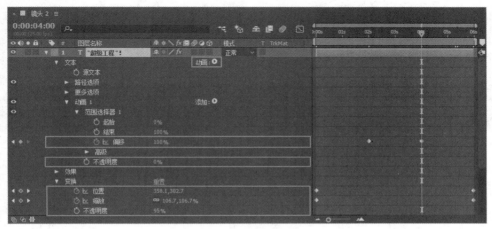

图 11-36　制作文字动画(2)

18. 至此,镜头二:《超级工程》制作完成,效果如图 11-37 所示。

图 11-37　镜头二:《超级工程》效果

11.3.3　镜头三:《立体交通时代》的制作

1. 新建"镜头 3"合成。设置"持续时间"为 6 秒,其他合成参数设置同"镜头 1"合成。

2. 添加素材。在"项目"面板中选择"城市图片 3.jpg"素材,将其拖到"时间轴"面板中,按"S"键,打开"缩放"属性,设置其值为(109.0,109.0)％,如图 11-38 所示。

图 11-38　添加"城市图片 3.jpg"素材

3. 添加天空效果。在"镜头 2"合成中,选择"天空.mp4"图层,按"Ctrl＋C"组合键复制,按"Ctrl＋V"组合键粘贴到当前合成中,调整蒙版形状,如图 11-39 所示。

4. 添加运动圆环 2 素材。在"项目"面板中选择"运动圆环 2.mov"素材,将其拖到"时间轴"面板中,设置其图层"模式"为"叠加",按"S"键,打开"缩放"属性,设置其值为(－100.0,－100.0)％,如图 11-40 所示。

图 11-39　添加天空效果

图 11-40　添加运动圆环 2 素材

5. 添加运动圆环 3 素材。在"项目"面板中选择"运动圆环 3.mov"素材，将其拖到"时间轴"面板中，设置其图层"模式"为"相加"，设置运动圆环 3 的"位置"为（825.0,597.0）、"旋转"为 0x+12.0°、"不透明度"为 39％，如图 11-41 所示。

6. 为运动圆环 3 添加蒙版。选择工具栏中的"钢笔工具"按钮，在运动圆环 3 图层上绘制蒙版，设置"蒙版羽化"为（183.0,183.0）像素，如图 11-42 所示。

7. 添加运动的光点效果。在"镜头 2"合成中，选择"光点"图层，按"Ctrl＋C"组合键

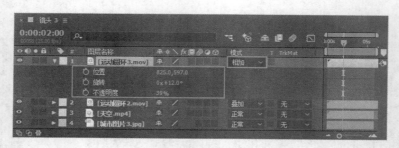

图 11-41　添加运动圆环 3 素材

图 11-42　为运动圆环 3 添加蒙版

复制，按"Ctrl＋V"组合键粘贴到当前合成中，如图 11-43 所示。

图 11-43　添加运动的光点效果

8.添加运动的光环效果。在"镜头 2"合成中,选择"光晕"图层,按"Ctrl＋C"组合键复制,按"Ctrl＋V"组合键粘贴到当前合成中,设置"光晕亮度"为 90％。调整光晕中心动画,将当前时间指示器移动到 0:00:00:00 帧处,设置"光晕中心"为(566.0,248.0),并激活其属性前面的"时间变化秒表"按钮🕐,记录动画;将当前时间指示器移动到 0:00:04:24 帧处,设置"光晕中心"为(1137.0,115.0);将当前时间指示器移动到 0:00:05:24 帧处,设置"光晕中心"为(1228.0,107.0),如图 11-44 所示。

图 11-44　添加运动的光环效果

9.添加文字。选择工具栏中的"横排文字工具"按钮🅣,在合成窗口中单击,输入文字"城市立体交通时代即将到来!",设置"立体交通时代"几个字的"字体"为"方正超粗黑简体","字号"为 70 像素,"填充颜色"为 RGB(34,225,9),"描边颜色"为白色,"描边宽度"为 8 像素;其他文字的"字体"为"方正超粗黑简体","字号"为 65 像素,"填充颜色"为RGB(225,151,9),"描边颜色"为白色,"描边宽度"为 8 像素,其他参数设置如图 11-45所示。

图 11-45　添加文字

10.丰富文字效果。复制镜头 2"超级工程"! 文字图层添加的"投影"和"查找边缘"特效,粘贴到本图层"效果控制台"面板中,如图 11-46 所示。

图 11-46　丰富文字效果

11. 至此,镜头三:《立体交通时代》制作完成,效果如图 11-47 所示。

图 11-47　镜头三:《立体交通时代》效果

11.3.4　镜头四:《纵横都市》的制作

1. 新建"镜头 4"合成。设置"持续时间"为 6 秒,其他合成参数设置同"镜头 1"合成。

2. 添加素材。在"项目"面板中选择"城市图片 1.jpg"素材,将其拖到"时间轴"面板中,单击"效果"→"颜色校正"→"曲线"菜单命令,添加"曲线"特效,调整曲线,如图 11-48所示。

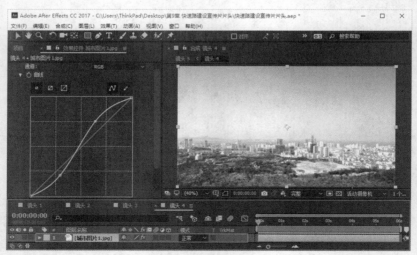

图 11-48　添加"城市图片 1.jpg"素材

3. 添加"大桥"素材。在"项目"面板中选择"大桥. png"素材,将其拖到"时间轴"面板中,调整位置,如图 11-49 所示。

图 11-49　添加"大桥"素材

4. 为大桥图层添加蒙版。选择工具栏中的"钢笔工具"按钮，在大桥图层上绘制蒙版,设置"蒙版羽化"为(131.0,131.0)像素,如图 11-50 所示。

图 11-50　为大桥图层添加蒙版

5.添加运动圆环1素材。在"项目"面板中选择"运动圆环1.mov"素材,将其拖到"时间轴"面板中,设置其图层"模式"为"相加",按"T"键,打开"不透明度"属性,设置其值为32%,如图11-51所示。

图 11-51　添加运动圆环 1 素材

6.为运动圆环1添加蒙版。选择工具栏中的"钢笔工具"按钮，在运动圆环1图层上绘制一个蒙版,勾选"反转"复选框,设置"蒙版羽化"为(98.0,98.0)像素,如图11-52所示。

图 11-52　为运动圆环 1 添加蒙版

7.添加运动圆环 2 素材。在"项目"面板中选择"运动圆环 2.mov"素材,将其拖到"时间轴"面板中,设置其图层"模式"为"叠加",按"S"键,打开"缩放"属性,设置其值为(100.0,－100.0)％,如图 11-53 所示。

图 11-53　添加运动圆环 2 素材

8.添加天空效果。在"项目"面板中选择"天空.jpg"素材,将其拖到"时间轴"面板中,设置其图层"模式"为"柔光",调整其大小和位置,如图 11-54 所示。

图 11-54　添加天空效果

9.为天空添加蒙版。选择工具栏中的"钢笔工具"按钮 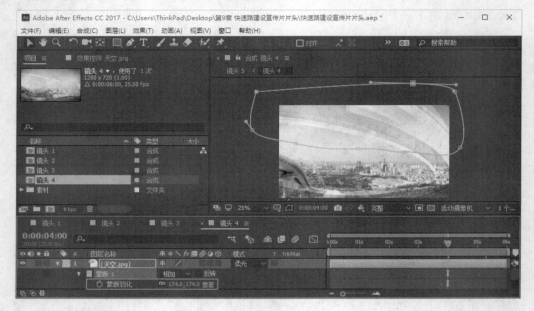，在天空图层上绘制一个蒙版，设置"蒙版羽化"为（174.0，174.0）像素，如图 11-55 所示。

图 11-55　为天空添加蒙版

10.添加星星效果。在"项目"面板中选择"star_［00000-00249］.jpg"素材，将其拖到"时间轴"面板中，设置其图层"模式"为"相加"，调整其大小和位置，如图 11-56 所示。

图 11-56　添加星星效果

11. 添加蒙版制作渐变效果。按"Ctrl＋Y"组合键,新建一个黑色纯色层,命名为"蒙版"。按"T"键,打开"不透明度"属性,设置其值为 75％;选择工具栏中的"钢笔工具"按钮，在蒙版层上绘制一个蒙版,勾选"反转"复选框,设置"蒙版羽化"为(200.0,200.0)像素,如图 11-57 所示。

图 11-57　添加蒙版制作渐变效果

12. 添加定版文字。选择工具栏中的"横排文字工具"按钮，在合成窗口中单击,输入文字"纵横都市",设置其"字体"为"汉仪行楷简","字号"为 170 像素,"填充颜色"为 RGB(236,100,40),"描边颜色"为白色,"描边宽度"为 1 像素,"字符间距"为 50,其他参数设置如图 11-58 所示。

图 11-58　添加定版文字

13. 为文字添加特效。单击"效果"→"生成"→"梯度渐变"菜单命令,添加"梯度渐变"特效,设置"渐变起点"为(533.0,155.0),"起始颜色"为 RGB(244,218,166),"渐变终点"为(533.0,224.0),"结束颜色"为 RGB(207,136,0),如图 11-59 所示。

图 11-59 添加"梯度渐变"特效

14.继续为文字添加其他特效。单击"效果"→"透视"→"斜面 Alpha"菜单命令,添加"斜面 Alpha"特效,设置"边缘厚度"为 1.50,"灯光强度"为 0.40;单击"效果"→"透视"→"投影"菜单命令,添加投影特效,设置"不透明度"为 90%,"距离"为 4.0,如图 11-60 所示。

图 11-60 添加"斜面 Alpha"和"投影"特效

15.添加副标题文字。选择工具栏中的"横排文字工具"按钮 T,在合成窗口中单击,输入文字:——"快速路"开启立体交通新纪元,设置其"字体"为"微软雅黑","字号"为 46 像素,"填充颜色"为黑色,无边色,如图 11-61 所示。

图 11-61 添加副标题文字

16.为文字添加预设动画。将当前时间指示器移动到 0:00:00:00 帧处,选择"纵横都市"图层,在"效果和预设"面板中,双击"动画预设"→"Text"→"Blurs"→"子弹头列车"命

令,为其添加"子弹头列车"动画。将当前时间指示器移动到 0:00:00:16 帧处,用同样的
方法为副标题文字添加"子弹头列车"动画,如图 11-62 所示。

图 11-62　为文字添加预设动画

17.制作白色光芒。按"Ctrl＋Y"组合键,新建一个白色纯色层,选择工具栏中的"矩
形工具"按钮,在白色纯色层上绘制一个蒙版,设置"蒙版羽化"为(59.0,59.0)像素;按
"P"键,打开"位置"属性,设置其值为(554.0,454.0);按"R"键,打开"旋转"属性,设置其
值为 0x＋36.0°,如图 11-63 所示。

图 11-63　制作白色光芒

18.制作光芒动画。将当前时间指示器移动到 0：00：01：15 帧处，激活"位置"属性前面的"时间变化秒表"按钮 ，记录动画；将当前时间指示器移动到 0：00：02：19 帧处，设置"位置"为(1672.0,682.0)，如图 11-64 所示。

图 11-64　制作光芒动画

19.制作光芒扫过文字效果。按"Ctrl＋D"组合键复制"纵横都市"图层，并将其置于顶层。设置白色纯色层的"轨道遮罩"属性为 Alpha 遮罩"纵横都市 2"，如图 11-65 所示。

图 11-65　制作光芒扫过文字效果

20.制作副标题光芒扫过动画。按"Ctrl＋D"组合键,分别复制白色纯色层和副标题文字层,设置白色纯色层的"轨道遮罩"属性为 Alpha 遮罩"——'快速路'开启立体交通新纪元 2",如图 11-66 所示。

图 11-66 副标题光芒扫过动画

21.至此,镜头四:《纵横都市》制作完成,效果如图 11-67 所示。

图 11-67 镜头四:《纵横都市》效果

11.3.5 镜头五:总合成的制作

1.新建总合成。在"项目"面板中依次选择"镜头 1"、"镜头 2"、"镜头 3"和"镜头 4",将其拖放到"项目"面板的"新建合成"按钮 上,在弹出的"基于所选项新建合成"对话框中,选择"序列图层"和"重叠",设置"持续时间"为 1 秒,"过渡"为"交叉溶解前景和背景图层",如图 11-68 所示。

图 11-68　新建总合成

2.添加音乐素材。在"项目"面板中选择"音乐 2.wav"素材,将其拖到"时间轴"面板中,将当前时间指示器移动到 0:00:01:24 帧处,按"Alt＋["组合键,将音乐前面的部分剪切掉,并在第 0 帧处对齐图层的入点,如图 11-69 所示。

图 11-69　添加音乐素材

3.至此,镜头五:总合成制作完成,效果如图 11-70 所示,《快速路建设宣传片》片头全部制作完成。

图 11-70　镜头五:总合成效果

11.4　本章小结

不同类型的影视宣传片,其宣传的目的、功能、风格也不同,在进行影视宣传片创作时,应注意使用贴切的表现手法。符合意境的音乐往往能够达到提升影片效果的作用,在使用音乐时,应注意把握音乐节奏,达到画面与音乐韵律的同步统一。

本章综合运用到了"曲线"特效、"模糊和锐化"特效、"生成"特效、"过渡"特效、"Trapcode"特效等,应注意掌握这些特效对影片表现起到的作用,以融会贯通,灵活运用到自己的创作中。

参 考 文 献

[1] 王志新,彭聪,陈小东. After Effects CS5 影视后期合成实战从入门到精通[M].北京:人民邮电出版社,2012.

[2] 王红卫. After Effects CS5 动漫、影视后期合成从新手到高手[M].北京:清华大学出版社,2010.

[3] 刘峥,任龙飞. After Effects CS4 入门与提高[M].北京:清华大学出版社,2010.

[4] 高平. After Effects CS4 影视特效实例教程[M].北京:机械工业出版社,2010.

[5] 曹茂鹏,瞿颖健. After Effects CS6 入标准教材[M].北京:北京希望电子出版社,2013.

[6] 张凡. After Effects CS4 中文版基础与实例教程[M].北京:机械工业出版社,2011.

[7] 袁紫玉,李晓鹏. After Effects CS4 多功能教材[M].北京:电子工业出版社,2010.

[8] 许伟民,袁鹏飞. Adobe After Effects CS4 经典教程[M].北京:人民邮电出版社,2010.

[9] 李强,袁天骐. ADOBE AFTER EFFECTS CS5 标准培训教材[M].北京:人民邮电出版社,2010.